苏州地区常见禁用渔具

定置（串联）倒须笼壶，俗称"地笼网"

三重刺网，俗称"丝网"

拟饵复钩钓具，俗称"爆炸钩"

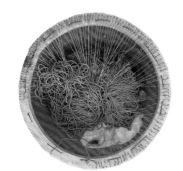

漂流延绳真饵单钩钓具，
俗称"延绳钓"

钩刺耙刺，俗称"锚鱼"

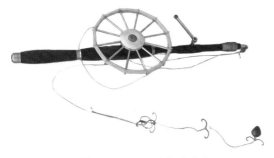

钩刺耙刺，俗称"武斗竿"

投射箭铦耙刺，俗称"弹弓射鱼器"

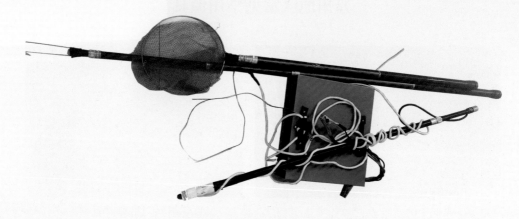

电捕设备

长江苏州段"十年禁渔"行动

公益增殖放流和生态补偿放流

常熟、张家港跨区域联合执法

长江禁捕执法联动中心进行无人机巡查

农业综合行政执法人员绘制"长江禁捕人人参与 美好江湖你我共享"纳斯卡巨画

农业综合行政执法人员走进沿江企业开展长江禁渔主题宣讲

举办长江渔业增殖放流活动

货船联合检查

违法捕捞渔具展示

"长江大保护，我们在行动！"联合检查

长江"十年禁渔"普法宣传

清理违规渔具

清网行动

● 秦伟/主编

长江"十年禁渔"实用手册

CHANGJIANG SHINIAN JINYU
SHIYONG SHOUCE

苏州大学出版社
Soochow University Press

图书在版编目(CIP)数据

长江"十年禁渔"实用手册/秦伟主编. -- 苏州:
苏州大学出版社,2022.12
ISBN 978-7-5672-4189-3

Ⅰ.①长… Ⅱ.①秦… Ⅲ.①长江－禁渔－手册
Ⅳ.①S937-62

中国版本图书馆 CIP 数据核字(2022)第 245319 号

书　　名:长江"十年禁渔"实用手册
CHANGJIANG "SHINIAN JINYU" SHIYONG SHOUCE
主　　编:秦　伟
策划编辑:刘　海
责任编辑:刘　海
装帧设计:吴　钰
出版发行:苏州大学出版社(Soochow University Press)
出 品 人:盛惠良
社　　址:苏州市十梓街 1 号　邮编:215006
印　　刷:苏州工业园区美柯乐制版印务有限责任公司
　E-mail:liuwang@suda.edu.cn　　QQ:64826224
邮购热线:0512-67480030
销售热线:0512-67481020
开　　本:710 mm×1 000 mm　1/16　印张:10.25　插页:2　字数:142 千
版　　次:2022 年 12 月第 1 版
印　　次:2022 年 12 月第 1 次印刷
书　　号:ISBN 978-7-5672-4189-3
定　　价:48.00 元

凡购本社图书发现印装错误,请与本社联系调换。服务热线:0512-67481020

编委会名单

主　编

秦　伟

副主编

张有法

编　委

秦　伟　　张有法　　高海岗

丁小峰　　顾菲菲　　朱文健　　叶巧蝶

序

《长江"十年禁渔"实用手册》付梓在即，他们要我写序。

回想一下，我也曾写过不少序，为自己写的、帮朋友写的，好像都没有这次费时。他们催了我几次，我回头一看，一个字也没有写，给自己找了个借口：忙。

真的忙吗？是忙，但也不至于没有时间写。我静下心回望了这两年，写的、编的，每年也有几十万字了吧，不至于写不出。

但还是写不出。

不是写不出。我这个年龄的人，让我写母亲的好，我写不出，因为母亲的好，已经浸润于我的血脉，我只知道：母亲好。

长江苏州段，158千米，金港、乐余、锦丰、海虞、梅李、碧溪、浏河，一个个都是名闻遐迩的长江边古镇、大镇、富镇。我后来离开了这些长江明珠，至各大城市学习、工作，但生于斯长于斯的我，如何不想江畔的微风细雨、春岸桃花和云帆杉林？

远古雪水涵养了千年古城，纯洁清流灌溉了人间天堂。六七千年前，苏州还是东海之滨的一个不知名处。"无边落木萧萧下，不尽长江滚滚来。"日复一日，年复一年，滚滚长江挟带的泥沙从镇江东拓至现在的长江口，孕育了目前仍是沟沟相通、渠渠相连的稠密水网。据说，每平方千米河网长度达4.8~6.7千米，以苏州段为最，至今苏州仍是"水乡泽国"。

自然环境决定着社会的样态及其演进方向和内在品质。苏州所依存的自然环境主要是水环境，所以其文化底色也是水文化。所谓"水乡泽国"，不仅仅是一种自然景观或一种经济样式，同时也是一种文化，是总体自然文化的主要架构。苏州的稻作文化、渔捞文化、蚕桑文化、茶业文化等自然农业文化无不由此孕育和得到滋润，所谓"鱼米之乡"也。

当我们用"鱼米之乡"来概括苏州自然的面貌和特征，当我们把这"鱼米之乡"分解为稻作文化、渔捞文化、蚕桑文化、茶业文化等诸多的样式，再把每种样式分解为一系列特定的人生理念和行为方式、生产工具和技术、生活知识和经验、社交礼仪和习俗、田园风光和人文景观时，"吴文化"的脉络和功能就鲜活地浮现在我们面前了。这些不同的文化样式的存在正是生物多样性（基因多样性、物种稳定性、系统持续性）和文化多样性相互耦合的体现，正是多样性的文化充分利用自然资源和高度适应自然环境的典范。

"鱼米之乡"上连"丝绸之府""工艺之市""园林之城""文物之都"，下接广阔肥沃的田野、纵横交错的河道、星罗棋布的湖泊，浑然一体，难以分割，形成了以自然农业为中介和中心的、以水乡为主要景观的自然生态和人文生态内在关联的传统苏州文化与文化苏州。

而这斗转星移、沧海桑田的起源，始于长江，始于我们的母亲，始于我们共同的母亲，有歌赞曰："你用甘甜的乳汁哺育各族儿女"，诚然也。

水面落花慢慢流，水底鱼儿慢慢游，我们依恋着长江，长江爱恋着我们。

是为序。

秦　伟

2022 年 11 月 8 日

目录

第一篇

长江"十年禁渔"的背景和意义

一、长江流域的文化

长江是亚洲和中国的第一大河，世界第三大河。发源于青海省唐古拉山，经青海、西藏、四川、云南、重庆、湖北、湖南、江西、安徽、江苏、上海等 11 个省、自治区、直辖市，最终在上海市崇明岛附近汇入东海。一路上长江气势磅礴，大小湖泊与干支流众多，可谓"远似银藤挂果瓜，近如烈马啸天发。雄浑壮阔七千里，通络润滋亿万家"。长江流域面积达 180 万平方千米，约占我国陆地总面积的 1/5，占我国国土面积的 18.8%。

(一) 长江流域的文化内涵

长江是中华民族的母亲河，也是中华民族发展的重要支撑。长江造就了从巴山蜀水到江南水乡的千年文脉，是中华民族的代表性符号和中华文明的标志性象征，是涵养社会主义核心价值观的重要源泉。长江文化是中华传统文化的重要组成部分，她和黄河文化共同构成了中华文化，成为中华民族的根和魂，孕育勾画了中华民族的精神图谱，深刻影响了中华民族的心理性格。

2020 年 11 月 14 日，习近平总书记在江苏南京主持召开全面推动长江经济带发展座谈会并发表重要讲话。习近平总书记指出，要把长江文化保护好、传承好、弘扬好，延续历史文脉，坚定文化自信；要保护好长江文物和文化遗产，深入研究长江文化内涵，推动优秀传统文化创造性转化、创新性发展；要将长江的历史文化、山水文化与城乡发展相融合，突出地方特色，更多采用"微改造"的"绣花"功夫，对历史文化街区进行修复。

何为"长江文化"？长江文化有广义与狭义之分。广义的长江文化，是以长江流域特殊的自然地理和人文地理位置优势，形成的一切物质文化和精神文化的总和；狭义的长江文化，则仅指文化地理学或历史学意义上的长江流域文化。如果从狭义的长江文化含义出发，则长江文化主要包括巴蜀文化、荆楚文化、吴越文化、江淮文化等地域文化，同时还包括长江流域范围内的宗教、哲学、制度等精神文化，以及饮食、建筑、生态等物质文化。长江文化蕴含优秀传统文化、革命文化、社会主义先进文化，体现哲学思想、人文精神、价值理念、道德规范等。黄河文化和长江文化是中国传统文化的两大体系，如果说，黄河文化是以"仁、义、礼、智、信"为核心，那么，"顺其自然、开拓进取"则是长江文化的特质。

长江文化在人类社会发展进程中对中华文明做出了巨大的历史性贡献。首先，对中华物质文化发展的贡献。水稻的栽培和推广，是长江文化为中华文明、为人类文明做出的巨大开创性贡献。迄今为止，我国共发现新石器时代含人工栽培稻的文化遗存约60处，其中有95%在长江流域。世界上已知最早的人工栽培稻标本出土于长江中游的湖南省道县玉蟾岩遗址，距今14000~18000年，不仅早于黄河流域出土的最早的稻谷遗迹，而且比国外已知最早的稻谷遗存——印度北方邦安拉阿巴德市马哈加拉遗址的稻谷遗迹也要早很多年。因此，说稻作文化由长江流域向环太平洋地区乃至世界播迁，不为无据。长江流域还是蚕丝业和麻纺织业的起源地，等等。其次，对中华思想文化的贡献。从哲学思想史的角度来看，长江流域是中华思想文化的高地。如春秋时期，长江流域产生了以老子为代表的道家学派；南宋时期，陆九渊创立心学，与程朱理学相互砥砺，在中华文明天空中闪烁着耀眼的光芒；明清时期，长江流域不仅是王朝赋税所依之区，而且还产生了诸多思想大家，王守仁创立的阳明心学与以阎若璩、段玉裁、钱大昕等为代表的乾嘉学派，同为学术思想之炬。再次，对经济发展的历史性贡献。文化繁荣必然促进经济发展。历史上的"苏湖熟，天下足""湖广熟，天下足"，彰显江南经济、长江中下游地区经济之繁荣和地位之举足轻重。最后，在长江文化的滋养和哺育下，历史上长江流域更是人才济济、名人辈出。如宋代有古文运动领袖欧阳修，名满天下的"三苏"（苏洵、苏轼、苏辙），江西诗派的开创者黄庭坚，改革家王安石，理学大师周敦颐，"南宋四大家"中的杨万里、范成大、陆游、尤袤，词作大家晏殊、周邦彦、秦观，爱国诗人文天祥等，皆是中华民族的文化巨子。

（二）长江流域的文化、社会、经济价值

长江流域是一个由汉族和多个少数民族组成的"大家庭"。长江文化是由汉族文化和多个少数民族文化共同构成的具有立体性、复合性、综合性的"多色"文化。千万年来，"长江人"同饮着长江水成长、繁衍，生生不息，他们共同创造了长江文明、中华文明。在这个"大家庭"中，各民族成员既保留着各自的民族个性，又共同坚守着中华民族的共性，并不断铸牢中华民族共同体意识，构建了稳定、和谐的中华民族大社会。这不仅具有历史意义，对今天进入新时代新发展阶段的中华民族而言，在迈向"第二个百年奋斗目标"的伟大征程中，同样具有重大的现实意义。

长江经济带覆盖上海、江苏、浙江、安徽、江西、湖北、湖南、重庆、四川、云南、贵州等 11 个省、市，面积约 205 万平方千米，约占我国国土面积的 21%，人口规模和经济总量占比超过全国的 40%。长江经济带作为我国新一轮改革开放转型实施新区域，是具有全球影响力的内河经济带、东中西互动合作的协调发展带、沿海沿江沿边全面推进的对内对外开放带，也是生态文明建设的先行示范带。2016年9月，《长江经济带发展规划纲要》正式印发，确立了长江经济带"一轴、两翼、三极、多点"的发展新格局："一轴"以长江黄金水道为依托，发挥上海、武汉、重庆的核心作用，推动经济由沿海溯江而上梯度发展；"两翼"分别指沪瑞和沪蓉南北两大运输通道，这是长江经济带的发展基础；"三极"指的是长江三角洲城市群、长江中游城市群和成渝城市群，充分发挥中心城市的辐射作用，打造长江经济带的三大增长极；"多点"是指发挥三大城市群以外地级城市的支撑作用。2018年11月，中共中央、国务院明确要求充分发挥长江经济带横跨东、中、西三大板块的区位优势，以"共抓大保护、不搞大开发"为导向，以生态优先、绿色发展为引领，依托长江黄金水道，推动长江上中下游地区协调发展和沿江地区高质量发展。

（三）长江流域渔文化

渔业是人类早期直接向大自然索取食物的生产方式，是人类最早的产业行为。那时，"靠山吃山"指的是狩猎，"靠水吃水"指的是捕鱼。或者说，先人以水域为依托，利用水生生物的自然繁衍和生命力，通过劳动获取水产品，谓之"渔业"。

我国渔业的出现时间，远在农耕文明之前。据考古学研究，我国渔文化的起源可以追溯至距今15000~50000年的旧石器时期。在原始社会的原始水面，丰富的鱼类吸引着先民进行生产开拓，进而对生产工具的发明、人类智力的开启、艺术形式的创造产生推动力。可以说，早期渔文化对人类进步产生过重大促进作用，它是人类在养殖捕捞、加工食用、研究开发水生动物产品的历史实践中相继创造的美味食品，不断总结的生产经验，以及与之相关的社会风俗、文化现象、民族传统和审美观念。

最初的渔猎生产是木石击鱼，从徒手捕捉、简单地棒打石击就唾手可得，到做栅拦截、围堰竭泽，再发展为钩钓矢射、叉刺网捞、镖投笼卡和舟桨驱取，渔业成为人类最早的经济形态之一。随着人类对鱼类习性了解的深入和捕捞技术的不断提升，在从简单到逐渐复杂的生产中诞生了渔文化，并不断积累和发展。

长江是我国第一大河，渔文化源远流长。早在新石器时代，河姆渡的先民就在长江流域捕鱼。在漫长的长江渔业生产中，产生了灿烂的渔文化，并对中华民族的繁衍和文明进步发挥了巨大的促进作用。

渔业和渔文化在长江的历史发展进程中始终占有重要地位，二者相得益彰、共同发展、缺一不可。从渔村景观环境到渔歌、渔风、渔俗，从渔船渔具捕鱼、鱼鹰捕鱼等传统的作业方式到连家船渔民的生产生活，从祖祖辈辈的渔业记忆到渔民对长江"人水合一"的感情，这些都是渔文化的重要印记和丰富遗产。

（四）苏州渔文化

苏州境内数百个湖、泊、荡、漾星罗棋布，江、河、沟、塘纵横，水产资源十分丰富，苏州素有"水乡泽国""鱼米之乡"的美誉。根据1972年草鞋山遗址出土的鱼头形陶土网坠考证，苏州渔业已有7000多年的历史。自古以来，渔业生产作为苏州农村重要的传统副业，随着社会的进步发展，经历了由捕捞转养殖、由粗养变精养、由低效转高效、由传统转生态的更新演变。

据史料记载，新石器时代中期，苏州的先民从徒手捕鱼发展为用网捕鱼。隋唐时期，太湖渔具种类纷繁。据唐代吴县人陆龟蒙《渔具咏》记载，吴地使用的捕捞渔具有罟、罩、筌、箪等，捕鱼方法则有叉、射等。南宋时期，太湖捕捞业出现了重达六七十吨的大型风帆渔船。明清时期，吴地渔业呈现出"渔者十有三四""渔家处处舟为业""既富而携带重资贸易他省，航海懋迁"的景象。吴地渔具种类繁多，网具类有刺网、拖网、建网、插网、敷网，钓具类有竿钓、延绳钓，还有各种杂渔具等。同时，使用有环双船围网，作业时有人负责瞭望侦察鱼群。

在渔业捕捞的基础上，苏州的先民转而发展鱼类养殖。苏州的养鱼业始于吴越春秋时期，当时范蠡推行掘池养鱼的富国政策。公元前460年左右，范蠡著有世界上第一部养鱼专著《养鱼经》（亦作《陶朱公养鱼经》）。这一史实证明当时吴地已有人工养鱼。唐代陆广微《吴地记》有胥门南"十五里有鱼城，越王养鱼处"的记载。由于唐代皇帝姓李，"李"与鲤鱼的"鲤"同音，鲤鱼还有了特殊待遇。小说家、骈文家段成式在《酉阳杂俎》中有"国朝律：取得鲤鱼即宜放，仍不得吃，号赤鳏公。卖者杖六十，言'鲤'为'李'也"的记载，表明当时政府抑制养鲤业发展，迫使渔民另找新的养殖对象。宋代，吴郡人范成大《吴郡志》载："鱼城，在越来溪西，吴王游姑苏，筑此城以养鱼。"这一时期，青、草、鲢、鳙（亦称"四大家鱼"）开始混养。明代，苏州的渔业生产规模颇为可观，渔业经济在区域经济结构中占有较为重要的地位。明代长洲人沈周有《渔村》诗云："吴江本泽国，渔户小成村。枫叶红秋屋，芦花白夜门。都无三姓住，漫可十家存。熟酒呼儿女，分鱼喧弟昆。不忧风雨横，惟惮水衡烦。鸥趁撑舟尾，蟹行穿屋根。怡然乐生聚，业外复何言。"这首诗描写了吴江美丽、恬淡的渔村风光。明清时期，养鱼户注重鱼种放养的合理配比和科学管理。如清代有典籍记载："盖一池中畜青鱼、草鱼七分，则鲢二分，鲫鱼、鳊鱼一分，未有不长养者。""鲩即草鱼，乡人多畜之池中，与青鱼俱称'池鱼'。青鱼饲之以螺蛳，草鱼饲之以草，鲢独爱肥，间饲之以粪。"《吴县志》对南北庄基养鱼的管理也有记载："其畜之也有池，养之也有道，食之也有时。鱼有巨细，以池之大小位置之；时有寒暖，视水清浊调和之（大要春夏宜清，秋冬不妨浊也）；食有精粗，审鱼之种类而饲养之（青鱼食螺，鲲鱼食草）。防其飞去，置神以守之；固其堤岸，植柳以卫之。"清乾隆时期，吴地的鱼苗生产相当发达，据清乾隆《苏州府志》记载，当时苏州东乡专蓄"细如针缕"的鱼秧，而长洲南庄基、北庄基育苗的鱼荡尤其多。

二、长江的渔业资源

（一）长江渔业资源现状

长江是我国第一大河流，也是世界上水生生物最为丰富的河流之一。据不完全统计，长江流域有水生生物 4300 多种，其中鱼类有 400 余种，长江流域特有鱼类有 180 余种。近年来，长江渔业资源量呈不断下降趋势。1954 年长江流域天然资源捕捞量达 42.7 万吨，60 年代平均捕捞量下降到 26 万吨，80 年代年均捕捞量在 20 万吨左右，近年年均捕捞量不足 10 万吨。长江天然鱼苗主要品种有"四大家鱼"、鳗鲡和中华绒螯蟹。"四大家鱼"鱼苗主要分布在长江中游湖北江段，鳗鲡和中华绒螯蟹苗主要分布在长江河口区上海江段。湖北省是"四大家鱼"鱼苗主产区，在 20 世纪 50 年代年均产苗 40 亿尾，60 年代年均产苗 83.8 亿尾，70 年代年均产苗 29.6 亿尾，80 年代年均产苗 20.7 亿尾，90 年代年均产苗 6.6 亿尾，呈下降趋势。上海长江口是蟹苗和鳗苗主产区，其中：蟹苗 80 年代年均产苗 11773.8 千克，90 年代年均产苗 2305.9 千克，2002 年产苗 40 千克，产量呈下降趋势；鳗苗 80 年代年均产苗 834.4 千克，90 年代年均产苗 2992.3 千克，2002 年产苗 1724 千克，总体产量也呈下降趋势。

苏州水产品种类纷繁，名特优产品甚多。据调查，近海捕捞生产中常见的水产品有 70 多种，主要经济鱼类有带鱼、大黄鱼、小黄鱼、鲥鱼、马鲛鱼、鲳鱼、鳗鱼等 30 多种。淡水鱼类有 107 种，主要有青鱼、草鱼、鲢鱼、鳙鱼、鲤鱼、鲫鱼、鳊鱼、鲌鱼、鲚鱼（刀鲚、凤鲚）、银鱼、河鳗、鳜鱼、黄鳝等。此外，还有丰富的虾、蟹、贝类和水生植物资源，如太湖的白虾、阳澄湖大闸蟹、螺蛳、河蚌、河蚬等；洄游性鱼类有河豚、鲥鱼、刀鱼等。

（二）长江渔业资源已到"无鱼"等级

过去几十年，伴随着长江流域经济的快速发展而产生的环境污染及过度捕捞，已使长江水生生物资源严重衰退，特别是渔业资源退化更为严重。保护好长江的生物多样性，事关国家的生态安全与长远发展。据农业农村部长江流域渔政监督管理办公室数据，如今"四大家鱼"的资源量已大幅萎缩，种苗发生量与 20 世纪 50 年代相比下降了 90% 以上，产卵量从最高 1200 亿尾降至最低不足 10 亿尾。部分渔民为了获得捕捞收益，开始采取"电毒炸""绝户网"等非法作业方式竭泽而渔，最终形成了"资源越捕越少，生态越捕越糟，渔民越捕越穷"的恶性循环。

三、长江"十年禁渔"政策制定的背景

长江流域禁渔期、禁渔区制度从 2002 年就开始实施，目的是保护长江流域的渔业资源及生物多样性。2002 年，农业部开始在长江中下游试行每年为期 3 个月的春季禁渔期。到 2003 年，3 个月的禁渔期制度在整个长江流域全面铺开，共涉及沿江 10 个省份 8100 千米的江段。禁渔的范围从上游的云南德钦县到上海长江口的所有长江干流、部分一级支流和鄱阳湖区、洞庭湖区。各地在禁渔的时间上有所不同，葛洲坝以上水域禁渔期为每年 2 月 1 日到 4 月 30 日，葛洲坝以下水域禁渔期为每年 4 月 1 日到 6 月 30 日。在整个禁渔期，禁止所有商业捕捞行为。禁渔期制度经过十多年的实施，取得了一定的成效，但问题依然存在。鉴于此，2015 年 12 月，农业部正式调整了长江流域禁渔期制度，扩大了禁渔范围，对禁渔时间进行了一定的延长和调整，统一了长江中下游区域的禁渔时间，将禁渔期从 3 个月延长到 4 个月，具体时间为每年的 3 月 1 日 0 时到 6 月 30 日 24 时。时间的统一及延长，能够保证禁渔期覆盖长江大部分水生生物的产卵繁殖时间。调整后的禁渔期制度自 2016 年 1 月 1 日起实施。

自 2016 年 1 月在重庆召开推动长江经济带发展座谈会以来，习近平总书记提出的"共抓大保护、不搞大开发"理念逐渐深入人心。2020 年 11 月 14 日，在全面推动长江经济带发展座谈会上，习近平总书记再次强调要加强生态环境系统保护修复，指出要把修复长江生态环境摆在压倒性位置，构建综合治理新体系，统筹考虑水环境、水生态、水资源、水安全、

水文化和岸线等多方面的有机联系，推进长江上中下游、江河湖库、左右岸、干支流协同治理，改善长江生态环境和水域生态功能，提升生态系统质量和稳定性。总书记明确要求：要从生态系统整体性和流域系统性出发，追根溯源、系统治疗，防止头痛医头、脚痛医脚；要找出问题根源，从源头上系统开展生态环境修复和保护。

2017 年 1 月 1 日，穿越云南、贵州、四川三省的长江重要一级支流赤水河率先试点实施十年禁渔。2019 年 1 月 6 日，农业农村部、财政部、人力资源和社会保障部联合印发《长江流域重点水域禁捕和建立补偿制度实施方案》，要求 2019 年年底以前完成水生生物保护区渔民退捕，率先实行全面禁捕，今后水生生物保护区全面禁止生产性捕捞。2020 年年底以前，完成长江干流和重要支流除保护区以外水域的渔民退捕，暂定实行十年禁捕。2019 年 12 月 27 日，农业农村部发布《关于长江流域重点水域禁捕范围和时间的通告》，明确长江流域的 332 个自然保护区和水产种质资源保护区，自 2020 年 1 月 1 日 0 时起全面禁止生产性捕捞；长江干流和重要支流除保护区以外的天然水域，最迟自 2021 年 1 月 1 日 0 时起实行暂定为期 10 年的常年禁捕，其间禁止天然渔业资源的生产性捕捞。

四、《长江保护法》的出台

早在 20 世纪 90 年代初，水利部及其下属的长江水利委员会即着手开始长江保护立法，并进行了大量的前期研究。2004 年以来，长江水利委员会又陆续围绕立法进行了大量的专题研究。2006 年，长江水利委员会正式向水利部提交了《长江法（立法建议）》。同年，长江水利委员会找到时任武汉大学环境法研究所所长王树义做长江立法的研究项目，2010 年形成了建议稿和说明稿。经过漫长的等待后，长江保护终于上升到国家战略层面。2016 年 1 月 5 日，在重庆召开的推动长江经济带发展座谈会上，习近平总书记强调：要抓紧制定一部长江保护法，联动修改水法、航道法等，让保护长江生态环境有法可依。2016 年 9 月，中共中央、国务院印发《长江经济带发展规划纲要》，明确提出要制定长江保护法。2017 年 12 月，全国人大环境与资源保护委员会建议将长江流域立法列入第十三届全国人大常委会立法规划。2018 年 12 月 10 日，全国人大环资委组织召开了长江保护法立法座谈会并提交《长江保护法》建议稿。2019 年 6 月 6 日，中共中央政治局常委、全国人大常委会委员长栗战书在江苏主持召开长江保护法立法座谈会，强调要坚持以习近平生态文明思想为指引，全面贯彻习近平总书记关于长江保护的重要指示要求，加快长江保护立法进程，形成长江生态环境硬约束机制，用法律武器保护母亲河长江。2019 年 12 月 23 日，《中华人民共和国长江保护法（草案）》提请全国人大常委会会议审议。2020 年 10 月 14 日，第十三届全国人大常委会第二十二次会议再次审议了《中华人民共和国长江保护法（草案）》。2020 年 12 月 26 日，第十三届全国人民代表大会常务委员会第二十四次会议表决通过《中华人民共和国长江保护法》。2021 年 3 月 1 日，《中华人民共和国长江保护法》（以下简作《长江保护法》）正式实施。

《长江保护法》是我国第一部流域法律，旨在加强长江流域生态环境保护和修复，促进资源合理高效利用，保障生态安全，实现人与自然和谐共生、中华民族永续发展。《长江保护法》的实施是践行习近平生态文明思想、法治思想和习近平总书记关于长江保护的重要讲话指示批示精神，推行生态优先、绿色发展和"共抓大保护、不搞大开发"的战略要求。它不仅为长江流域"生态优先、绿色发展"提供法治保障，更是打造"生态更优美、交通更顺畅、经济更协调、市场更统一、机制更科学的黄金经济带"的法治引领。

五、长江"十年禁渔"的意义

近 30 年来，长江水生生物多样性下降趋势明显，许多珍稀特有物种处于濒危状态，甚至灭绝。国家一级重点保护野生动物白鱀豚于 2007 年被认定为"功能性灭绝"，有"水中大熊猫"之称的白鲟于 2019 年被宣布灭绝，中华鲟每年洄游进入长江繁殖的亲鱼由 20 世纪 80 年代初的 1200 尾减少至 2019 年的不足 20 尾，已有 20 余年未见到自然繁殖的长江鲟幼鲟，长江"三鲜"中的刀鲚、鲥鱼已被列入《国家重点保护野生动物名录》。如今"四大家鱼"的资源量也已大幅萎缩，种苗发生量与 20 世纪 50 年代相比下降了 90% 以上，产卵量从最高 1200 亿尾降至最低不足 10 亿尾。长江"四大家鱼"野生种群衰退，将严重影响我国淡水鱼类养殖业的可持续发展。在用于评价水域生态系统健康状况的鱼类生物完整性指数方面，长江被评定为"极好""好""一般""差""极差""无鱼"等六个等级中的"无鱼"等级，长江干流的天然捕捞量已从 1954 年的 45 万吨下降到了如今的不足 10 万吨，仅占全国水产品总量的 0.15%。

2018 年 4 月 26 日，习近平总书记在深入推动长江经济带发展座谈会上指出："长江病了，而且病得还不轻"；长江生物完整性指数到了最差的"无鱼"等级，必须把修复长江生态环境摆在压倒性位置，"共抓大保护、不搞大开发"。长江禁捕退捕是扭转长江生态环境恶化趋势的一项关键举措，实施长江禁捕退捕，是党中央和国务院审时度势、因势利导做出的重大决策部署；"十年禁渔"是长江生态修复工程的重要举措，《国务院办公厅关于加强长江水生生物保护工作的意见》提出：到 2020 年，长江"水域生态环境恶化和水生生物多样性下降趋势基本遏制"；"到 2035 年，长江流域生态环境明显改善，水生生物栖息生境得到全面保护，水生生物资源显著增长，水域生态功能有效恢复"。落实长江禁捕退捕任务，打好"十年禁渔"攻坚战、持久战，是推进长江流域生态文明建设、开展生态环境治理和促进长江经济带绿色发展的关键举措，对长江水域生态自行恢复生物多样化具有重要意义。

为什么要禁渔十年？以"四大家鱼"为例，它们的繁殖成长通常需要四年时间。禁渔期必须设置十年，才可以让它们稳定地繁衍两三代，它们的数量也才可能恢复，个体也才能越变越大，也才能出优质的鱼。而以往三个月的禁渔期，生长的鱼的数量还不够三天捕捞，7月1日开捕后，过去三个月的繁殖成果几天内就被"绝户网"打捞殆尽，鱼类种群依然无法繁衍壮大。长江是鱼类的天然种质资源库，如果我们再不保护好长江这个天然的基因库，将来真的会连最普通的"四大家鱼"都吃不到。古语说："数罟不入洿池，鱼鳖不可胜食也。"竭泽而渔则无鱼可渔，延长禁渔期，是亡羊补牢的必要对策。

2021年4月，苏州市印发了《苏州市长江流域重点水域禁捕效果评估制度》，要求加强组织领导，实行网格化管理，责任落实到人，强化重点水域日常执法监管，依法查处破坏、侵占、影响长江及其保护区水生生物资源的违法行为和影响水生生物资源保护区功能的事件，开展水生生物资源保护的渔业资源监测、资源养护和生态修复等工作。资源调查初步结果显示，2021年长江干流苏州段渔获物种数同比增加14种，常规经济鱼类平均体长、平均体重分别增长13%和61%，基于数量、重量的资源密度分别增加12%和47%，可见长江流域重点水域禁捕已经取得了初步成效。

第二篇

关于长江"十年禁渔"重要指示

一、习近平总书记重要指示精神

在 2018 年召开的深入推动长江经济带发展座谈会上,习近平总书记再次表达"长江病了,而且病得还不轻"的忧虑,并指出,长江生物完整性指数到了最差的"无鱼"等级,要求"科学运用中医整体观,追根溯源、诊断病因、找准病根、分类施策、系统治疗","做到'治未病',让母亲河永葆生机活力"。

2020 年 7 月 30 日,习近平总书记在主持召开的中共中央政治局会议上指出,要继续打好污染防治攻坚战,推动实施一批长江、黄河生态保护重大工程,落实好长江"十年禁渔"。

2020 年 8 月 19 日,习近平总书记在安徽考察时指出,长江生态环境保护修复,一个是治污,一个是治岸,一个是治渔。长江禁渔是件大事,关系到 30 多万名渔民的生计,代价不小,但比起全流域的生态保护还是值得的。长江水生生物多样性不能在我们这一代手里搞没了。

2020 年 8 月 20 日,习近平总书记在扎实推进长三角一体化发展座谈会上的讲话指出：长江禁渔是为全局计、为子孙谋的重要决策。沿江各省市和有关部门要加强统筹协调，细化政策措施，压实主体责任，保障退捕渔民就业和生活。要强化执法监管，严厉打击非法捕捞行为，务求禁渔工作取得扎实成效。

二、二十大报告解读长江"十年禁渔"

中国共产党第二十次全国代表大会于 2022 年 10 月 16 日上午 10 时在北京人民大会堂开幕，习近平同志代表第十九届中央委员会向党的二十大做报告。报告第十部分"推动绿色发展，促进人与自然和谐共生"提到要"提升生态系统多样性、稳定性、持续性"，"以国家重点生态功能区、生态保护红线、自然保护地等为重点，加快实施重要生态系统保护和修复重大工程。推进以国家公园为主体的自然保护地体系建设。实施生物多样性保护重大工程。科学开展大规模国土绿化行动。深化集体林权制度改革。推行草原森林河流湖泊湿地休养生息，实施好长江十年禁渔，健全耕地休耕轮作制度。建立生态产品价值实现机制，完善生态保护补偿制度。加强生物安全管理，防治外来物种侵害"。

第三篇

部省级长江禁捕文件释读

一、工作部署

（一）贯彻执行

《国务院办公厅关于切实做好长江流域禁捕有关工作的通知》指出："长江流域禁捕是贯彻落实习近平总书记关于'共抓大保护、不搞大开发'的重要指示精神，保护长江母亲河和加强生态文明建设的重要举措，是为全局计、为子孙谋，功在当代、利在千秋的重要决策。习近平总书记多次作出重要指示批示，李克强总理提出明确要求。为贯彻落实党中央、国务院决策部署，如期完成长江流域禁捕目标任务，农业农村部、公安部、市场监管总局分别牵头制订了《进一步加强长江流域重点水域禁捕和退捕渔民安置保障工作实施方案》、《打击长江流域非法捕捞专项整治行动方案》、《打击市场销售长江流域非法捕捞渔获物专项行动方案》。"该通知并就贯彻执行提出了以下要求。

1. 提高政治站位，压实各方责任

沿江各省（直辖市）人民政府和各有关部门要增强"四个意识"、坚定"四个自信"、做到"两个维护"，深入学习领会、坚决贯彻落实习近平总书记重要指示批示精神，把长江流域重点水域禁捕和退捕渔民安置保障工作作为当前重大政治任务，进一步落实责任，细化完善各项政策措施，全面抓好落实。要"坚持中央统筹、省负总责、市县抓落实的工作体制，各有关省、市、县三级政府要成立由主要负责同志任组长的领导小组，逐级建立工作专班，细化制定实施方案，做到领导到位、责任到位、工作到位"。农业农村部要落实牵头抓总责任，在长江流域禁捕工作协调机制基础上，组建工作专班进行集中攻坚。国家发展和改革委员会、公安部、财政部、人力资源和社会保障部、交通运输部、水利部、市场监管总局、国家林草局等部门要各司其责、密切配合，共同做好长江流域禁捕相关工作。

2. 强化转产安置，保障退捕渔民生计

沿江各省（直辖市）要抓紧完成退捕渔船渔民建档立卡"回头看"工作，查漏补缺，切实摸清底数，做到精准识别和管理，作为落实补偿资金、转产安置、社会保障、后续帮扶、验收考核等工作的依据。要切实维护退捕渔民的社会保障权益，将符合条件的退捕渔民按规定纳入相应的社会保障制度，做到应保尽保。要"根据渔民年龄结构、受教育程度、技能水平等情况，制定有针对性的转产转业安置方案，实行分类施策、精准帮扶，通过发展产业、务工就业、支持创业、公益岗位等多种方式促进渔民转产转业"。

3. 加大投入力度，落实相关补助资金

沿江各省（直辖市）要在中央补助资金统一核算、切块到省的基础上，加大地方财政资金投入，统筹兜底保障禁捕退捕资金需求。地方可统筹使用渔业油价补贴、资源养护等相关资金，加大对退捕工作的支持力度。要合理确定本省（直辖市）补助标准，做到省域内基本平衡，避免引起渔民攀比。在加强中央层面长江流域禁捕执法能力建设的同时，沿江各省（直辖市）也要加快配备禁捕执法装备设施，提升执法能力。

4. 开展专项整治行动，严厉打击非法捕捞行为

针对长江流域重点水域非法捕捞屡禁不止等问题，开展为期一年的专项打击整治行动。"沿江各省（直辖市）要成立由公安机关、农业农村（渔政）部门牵头，发展改革、交通运输、水利、市场监管、网信、林草等部门和单位参加的联合指挥部，制定实施方案，统筹推进各项执法任务，确保取得实效"。对重大案件挂牌督办，加强行政执法与刑事司法衔接，公布一批典型案件，形成强大威慑。

5. 加大市场清查力度，斩断非法地下产业链

各地要聚焦水产品交易市场、餐饮场所等市场主体，依法依规严厉打击收购、加工、销售、利用非法渔获物等行为。加强禁捕水域周边区域管理，禁止非法渔获物上市交易。加强水产品交易市场、餐饮行业管理，对以"长江野生鱼""野生江鲜"等为噱头的宣传营销行为，要追溯渔获物来源渠道，不能提供合法来源证明或涉嫌虚假宣传、过度营销、诱导欺诈消费者的，要依法追究法律责任。

6. 加强考核检查，确保各项任务按时完成

沿江各省（直辖市）人民政府要把长江流域禁捕工作作为落实"共抓大保护、不搞大开发"的约束性任务，纳入地方政府绩效考核和河长制、湖长制等目标任务考核体系。要建立定期通报和约谈制度，对工作推进不力、责任落实不到位、弄虚作假的地区、单位和个人依法依规问责追责。农业农村部、公安部、市场监管总局要对所牵头的相关工作方案落实情况进行督促检查，确保长江流域禁捕各项政策措施落实到位，并适时向国务院报告有关情况。

（二）抓好落实

《江苏省政府 2021 年度十大主要任务百项重点工作》指出：必须切实抓好长江"十年禁渔"工作。具体做法是完成退捕渔民就业安置和社会保障目标任务，按规定将符合条件的退捕渔民纳入相应的医疗保障覆盖范

围，做好符合低保、特困供养或临时救助条件的困难退捕渔民的基本生活保障，开展长江流域禁捕退捕政策落实情况跟踪审计，确保应帮尽帮、应保尽保、应救尽救。组织《长江保护法》法治宣传教育，开展"进百村、入万户"和"送法进渔家、普法上船头"专题普法活动，严打长江流域非法捕捞违法犯罪，严查市场销售长江非法捕捞渔获物行为，确保生产企业无加工、线上线下无销售、餐饮单位无供应、所有环节无广告。深入开展"三无"船舶整治攻坚，确保辖区"三无"船舶清零。

（三）明确要求

2021年4月，江苏省农业农村厅厅长在长江流域重点水域非法捕捞专项工作会议上的讲话中强调，全省各地各相关部门必须落实责任，健全机制，形成合力，确保长江"十年禁渔"开好局、起好步，重点强化"一机+四防"。

1. 强化一个机制，实行部门联合禁渔执法

建立由公安、农业农村、市场监管等部门组成的联合禁渔执法机制，完善联席会议、执法联动、信息共享等协作制度，鼓励各地探索设立多部门"禁渔"联动执法中心，实体化运作、全天候值守，构建从"水里"到"餐桌"的全链条监管网络，形成水上严防死守、岸上严查重处的强大合力。一是严管重点水域。突出长江口禁捕管理区等重点水域，聚焦交界水域、入江河道等关键节点，联合兄弟省、市开展常态化巡航，推动上下游、左右岸联合执法，始终保持严打高压态势，做到不留死角、不留盲区。二是严管重点时段。紧盯节假日、"两会"、清明前后刀鱼溯江洄游等重点时段，执行渔政24小时值班制度，加强夜间巡查巡护，见违必管，露头就打，坚决巩固深化禁捕成果。三是严管重点环节。全面开展挂靠渔船、乡镇渔船、涉渔"三无"船舶专项整治，计划在2021年9月15日前实现基本清零，并全面建立长效监管机制。严打"电毒炸""绝户网"等违法行为，从严抓好流通和消费环节监管。在2020年集中查处一批刑事违

法案件、摧毁一批犯罪团伙的基础上，2021年以来各级部门出动联合执法力量12万余人次、船艇5200余艘次，查处涉渔行政案件599起、刑事案件32起。

2. 加快"人防"建设，打造强有力渔政执法队伍

江苏省委、省政府高度重视渔政执法机构建设，省委编制委下发《关于加强沿江市县渔政监管执法机构编制配备的意见》，明确了渔政机构配置和每1.5千米长江岸线必须配备1名执法人员的硬性要求。截至目前，苏州市农业综合行政执法支队已组织培训和执法资格考试，保障渔政执法人员到岗到位；推动有禁捕任务的乡镇（街道）调剂2~3名事业编制人员专门从事长江禁捕工作，并实行长江干流沿江每个村（社区）3~5人标准配备协助护渔巡护人员，目前已实现每千米岸线配备1.2名巡护人员。

3. 加快"技防"建设，提升禁渔执法智能化水平

深入贯彻农业农村部渔政执法能力建设标准和"六有"要求，加快推进电子围栏等监测设施和执法装备建设。会同公安、市场监管等部门联合开展水域执法执勤能力建设，江苏省财政先行安排1.6亿元专项经费用于执法信息化建设。整合公安、渔政、水利、海事等部门现有长江岸线监管设备和资源，在高邮、宝应的邵伯湖等湖泊先行开展技防建设试点，实现对偷捕易发水域、交叉共管地带和关键时段的有效监管覆盖。

4. 加快"群防"建设，构建群防群治禁渔新格局

大力宣传普及《长江保护法》等法律法规，开展禁捕宣传、执法监督和水生生物保护等活动100余场次，发放宣传资料10万余份，悬挂横幅4000余条，设置电子显示屏滚动字幕4600余处，在主要江段设立固定告示牌1631个，制作公益宣传片17部。同时，还开发"禁渔随手拍"微信小程序，省、市、县全部设立24小时有奖举报电话，鼓励社会公众随时随地举报违法行为，动员群众组织积极参与，成为禁渔管理的"千里眼""顺风耳"。

5. 加快"预防"建设，健全网格化责任落实体系

建立风险排查、舆情应对、信访化解等预防机制，实现源头防控、标本兼治、长效常态。实行禁渔属地网格化管理，每一段岸线、每一片水域、每一个村组都有人管理、有人执法，构建全覆盖的监管体系。建立暗查暗访常态化工作机制，江苏省政府多次组织开展暗查暗访、交叉检查，通报直接抄送市、县党政一把手，明确整改时限及要求。省相关部门多次组织巡江巡查，深入禁捕一线检查值班值守和应急响应情况，及时通报和督促整改。多措并举帮助退捕渔民就业创业，全面排查和妥善处置信访问题，强化舆情管理应对工作，牢牢守住社会稳定底线。

（四）出台方案

制订印发《江苏省"中国渔政亮剑2022"系列专项执法行动方案》，统一部署长江流域重点水域常年禁捕专项行动，落实《国务院办公厅关于切实做好长江流域禁捕有关工作的通知》《依法惩治长江流域非法捕捞等违法犯罪的意见》有关要求，充分发挥长江禁捕退捕工作专班和打击长江流域非法捕捞专项整治行动工作专班协调监督作用，强化非法捕捞全链条执法监管，推动长江流域重点水域"四清四无"常态化，完成好"三年强基础、顶得住"的长江"十年禁渔"阶段性任务。工作重点如下。

1. 摸排违法线索

加强长江流域重点水域暗查暗访、走访摸排，深挖细查各类违法捕捞活动线索，利用通报约谈、挂牌整治等手段，压实属地监管责任。

2. 严打非法捕捞

按照全覆盖、无死角的要求，高频次开展执法巡查，保持禁捕高压态势，严打各类非法捕捞行为；聚焦重要时段、重要水域、重点对象、重点物种，针对性开展执法检查和专项整治，通过部门间协作，全链条打击违法违规行为。

3. 整治非法垂钓

开展非法垂钓专项整治，坚决查处违禁垂钓行为，重点打击使用多杆、多钩、锚鱼、长线串钩和利用可视化设备、船、艇、筏、浮具等辅助垂钓行为。

4. 落实属地责任

落实水域执法和渔船船籍港管理两个属地责任，加大长江口禁捕管理区常态化巡航检查力度，加强属地捕捞渔船（含捕捞辅助船）管理，严肃查处沿海作业渔船违规跨区捕捞、内河捕捞渔船违规入江等行为。

5. 强化经营监管

建立健全水产品"合格证+追溯凭证"索证索票制度，配合市场监管等部门强化对电商平台、水产市场、餐饮场所和渔具市场等经营环节的执法监管，推动长江野生江鲜禁售禁食。

6. 加强能力建设

加快实施"亮江"工程，推进网格化管理制度落实落地，发挥协助巡护、社会监督作用，充分利用信息化装备设施，进一步提升渔政执法效能。

7. 持续宣传引导

坚持利用广播、电视、网络、条幅、标牌等各种媒体或媒介，全方位、多角度宣传禁捕垂钓有关制度和政策，宣传引导社会各界共同保护长江流域重点水域生态环境。

二、制度建立

（一）发布禁用渔具名录

为落实习近平生态文明思想，加强长江水生生物资源保护，推进水域生态修复，依法严惩非法捕捞等危害水生生物资源和生态环境的各类违法犯罪行为，切实保障长江禁捕工作顺利实施，根据《中华人民共和国渔业法》（以下简作《渔业法》）、《长江保护法》等法律规定，农业农村部发布了《长江流域重点水域禁用渔具名录》（表3-1）的通告。

表 3-1　长江流域重点水域禁用渔具名录

序号	渔具类别	序号	渔具名称	结构说明和作业方式（型和式）	危害性说明
1	刺网	1	单片刺网（网目内径尺寸小于 60 mm）	主体由单片网衣和上、下纲构成	捕捞强度大，对渔业资源破坏严重。阻挡鱼类洄游，影响河道通航。渔具丢弃、抛弃和遗失的数量多，容易造成"幽灵"捕捞。
		2	双重刺网	由两片网目尺寸不同的重合网衣和上、下纲构成	
		3	三重及以上刺网	由两片大网目网衣中间夹一片或多片小网目网衣和上、下纲构成	
		4	框格刺网（网目内径尺寸小于 60 mm）	由被细绳分隔成若干框架的网衣和上、下纲构成	
		5	无下纲刺网（网目内径尺寸小于 60 mm）	下缘部装纲索，由单片网衣和上纲构成	
		6	混合刺网（网目内径尺寸小于 60 mm）	具有两种"型"以上性质的渔具	
2	围网	7	单船围网	用一艘渔船作业	捕捞强度大，对渔业资源影响大，尤其对幼鱼资源破坏严重。
		8	双船围网	用两艘渔船作业	
		9	多船围网	用两艘以上的渔船作业	
3	拖网	10	单船拖网	用一艘渔船作业	对捕捞对象的选择性差，捕捞强度大，对渔业资源破坏严重。破坏底栖生态环境。
		11	双船拖网	用两艘渔船作业	
		12	多船拖网	用两艘以上的渔船作业	
4	地拉网	13	船布地拉网（网目内径尺寸小于 30 mm）	用船布设在岸边水域中，在岸上作业	网目尺寸小，对捕捞对象的选择性差，对幼鱼资源破坏严重。

序号	渔具类别	序号	渔具名称	结构说明和作业方式（型和式）	危害性说明
5	张网	14	单片张网（网目内径尺寸小于50 mm）	主体由单片网衣和上、下纲构成，用两门（个）以上的锚（桩）定置在水域中作业	网目尺寸小，对捕捞对象的选择性差，对幼鱼资源破坏严重。
		15	桁杆张网（网目内径尺寸小于50 mm）	由桁杆或桁架和网身、网囊（兜）构成	
		16	框架张网（网目内径尺寸小于50 mm）	由框架、网身和网囊构成	
		17	竖杆张网（网目内径尺寸小于50 mm）	由竖杆、网身和网囊构成	
		18	张纲张网（网目内径尺寸小于50 mm）	由扩张网口的纲索和网身、网囊构成	
		19	有翼单囊张网（网目内径尺寸小于50 mm）	由网翼（袖）、网身和一个网囊构成	
6	敷网	20	拦河撑架敷网（网目内径尺寸小于30 mm）	由支架或支持索和矩形网衣等构成，敷设在河道上作业	网目尺寸小，对捕捞对象的选择性差，对幼鱼资源破坏严重。横贯河道拦河作业，阻挡鱼类洄游，影响河道通航。
		21	船敷敷网（网目内径尺寸小于30 mm）	由网衣组成簸箕状的网具，或由支架或支持索和矩形网衣等构成，将渔具敷设在船边水域中，在船上进行作业	网目尺寸小，对捕捞对象的选择性差，对幼鱼资源破坏严重。
7	陷阱	22	插网陷阱	由带形网衣和插杆构成	对捕捞对象的选择性差，对渔业资源破坏严重。阻挡鱼类洄游，影响河道通航。
		23	建网陷阱	由网墙、网圈和取鱼部等构成	
		24	箔筌陷阱	由箔帘（栅）和篓构成	

序号	渔具类别	序号	渔具名称	结构说明和作业方式（型和式）	危害性说明
8	钓具	25	定置延绳真饵单钩钓具	具有真饵和单钩，为延绳结构，定置在水域中作业	渔具敷设范围广，捕捞强度相对较大。
		26	漂流延绳真饵单钩钓具	具有真饵和单钩，为延绳结构，随水流漂流作业	
		27	拟饵复钩钓具（钓钩数7个及以上）	具有拟饵和复钩（为一轴多钩或由多枚单钩组合成的钓钩结构）	捕捞强度大，钓获效率高，对渔业资源保护造成不利影响。
		28	真饵复钩钓具（钓钩数7个及以上）	具有真饵和复钩（为一轴多钩或由多枚单钩组合成的钓钩结构）	
9	耙刺	29	拖曳齿耙耙刺	由耙架装齿、钩或另附容器构成，以拖曳方式作业	捕捞强度大，严重破坏底栖生物资源和底栖生态环境。
		30	拖曳泵吸耙刺	将捕捞对象以抽吸的方式经管道输送至船上，以拖曳方式作业	
		31	定置延绳滚钩耙刺	由干线直接连接或干线上若干支线连结锐钩构成，为延绳结构，定置在水域中的方式作业	破坏渔业资源。对长江江豚等保护动物威胁较大，对渔业资源保护造成不利影响。
		32	钩刺耙刺（仅限锚鱼、武斗竿）	主动收竿使钩刺入捕捞对象的身体将其捕获，用钩或刺的方式作业	
		33	投射箭铦耙刺	由绳索连接箭形尖刺或者带有倒刺的尖刺构成，以投射的方式作业	对长江江豚等保护动物威胁大。存在安全使用隐患。
		34	投射叉刺耙刺	由柄和叉构成，以投射的方式作业	
10	笼壶	35	定置（串联）倒须笼壶（网目内径尺寸小于30 mm）	由若干规格相同的刚性框架和网衣构成，连成一体构成笼具，相邻框架间有倒须网口结构，定置于水域中作业	网目尺寸小，对捕捞对象的选择性差，对幼鱼资源破坏严重。
		36	定置延绳倒须笼壶（网目内径尺寸小于30 mm）	其入口有倒须装置的笼型渔具，为延绳结构，定置于水域中作业	

通告所指长江流域重点水域范围包括《农业农村部关于长江流域重点水域禁捕范围和时间的通告》《农业农村部关于设立长江口禁捕管理区的通告》规定的禁捕水域范围，及各省（直辖市）依据上述通告确定的本辖区禁捕水域范围。

通告明确，长江流域重点水域各省（直辖市）渔业行政主管部门可在本通告禁用渔具名录的基础上，根据本地区水生生物资源保护和渔政执法监管工作实际，补充制定适合本地实际管理需要的禁用渔具名录并报农业农村部备案。

通告规定，因教学、科研等确需使用名录中禁用渔具进行捕捞的，必须按照有关要求组织专家进行充分论证，严格控制范围、规模、渔获物品种及数量，申请专项（特许）渔业捕捞许可证并明确上述内容。

（二）禁用渔具说明和图示

1. 刺网

刺网是由若干片网片连接而成的长带形渔具，将网具设置在水域中，依靠沉浮力使网衣垂直张开，拦截鱼虾的通道，使其刺挂或缠络于网衣上，从而达到捕捞目的。按作业方式，刺网可有定置、漂流、包围和拖曳等四种捕捞方式。

刺网捕捞强度大，对渔业资源破坏严重，如阻挡鱼类洄游，影响河道通航；渔具丢弃、抛弃和遗失的数量多，容易造成"幽灵"捕捞等。刺网的种类主要包括：单片刺网（网目内径尺寸小于 60 mm）、双重刺网；三重及以上刺网、框格刺网（网目内径尺寸小于 60 mm）、无下纲刺网（网目内径尺寸小于 60 mm）、混合刺网（网目内径尺寸小于 60 mm）。

（1）单片刺网（网目内径尺寸小于 60 mm）

俗称：定刺网、流刺网、线网、粘网、密眼网。

单片刺网由单片主网衣、缘网衣、浮子纲、沉子纲、缘纲和属具等组成，单片刺网的浮子纲长度通常在 20~50 m（图3-1、图3-2）。

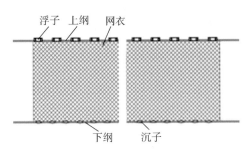

图 3-1　单片刺网结构图

图 3-2　单片刺网作业图

（2）双重刺网

俗称：定刺网、流刺网、线网、粘网、密眼网、双层刺网。

双重刺网由两片网目尺寸不同的重合网衣、纲索、浮沉子及其他属具组成（图 3-3）。作业时，鱼刺入网中，小目网和大目网之间形成小网袋（图 3-4）。

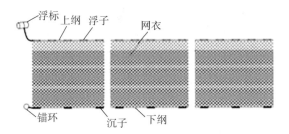

图 3-3　双重刺网结构图

图 3-4　双重刺网作业图

（3）三重及以上刺网

俗称：定刺网、流刺网、线网、粘网、密眼网、三层刺网。

三重刺网由两片大网目网衣中间夹一片小网目网衣、纲索、浮沉子及其他属具组成，内网衣网目较小，外网衣网目较大（图3-5、图3-6）。

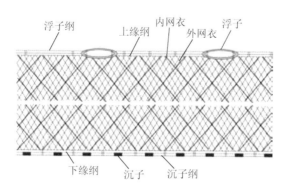

图 3-5　三重刺网结构图

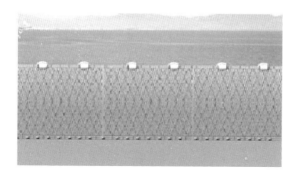

图 3-6　三重刺网作业图

（4）框格刺网（网目内径尺寸小于 60 mm）

俗称：框刺网、框架网。

框格刺网由单片网衣与细绳结成的若干框格、上纲、下纲、浮沉子及其他纲索和属具组成（图3-7、图3-8）。

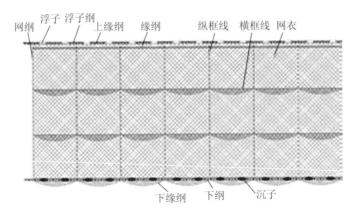

图 3-7　框格刺网结构图

图 3-8　框格刺网作业图

（5）无下纲刺网（网目内径尺寸小于 60 mm）

俗称：散脚网。

无下纲刺网一般为单片型刺网，由单片网衣和上纲等构成，特点是无下纲结构，沉子直接装配在网衣的下缘网目上，下部网衣张力小、柔软，具有较强的缠络、刺挂能力（图 3-9、图 3-10）。

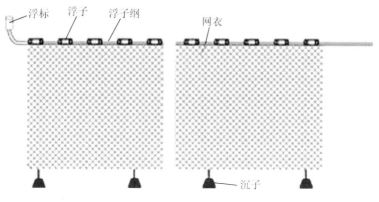

图 3-9　无下纲刺网结构图

图 3-10　无下纲刺网作业图

（6）混合刺网（网目内径尺寸小于 60 mm）

俗称：无。

混合刺网是具有两种以上（含两种）"型"的刺网，由网衣、纲索、浮沉子及其他属具组成。可为两片或多片不同"型"的刺网上下或左右相连，组成一整片或一列刺网（图 3-11、图 3-12）。

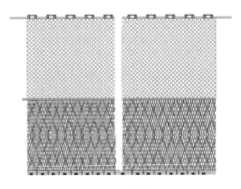

图 3-11　混合刺网结构图

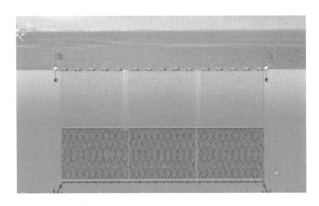

图 3-12　混合刺网作业图

2. 围网

围网由网翼和取鱼部或网囊构成，主要有两种结构类型：一种是由一囊两翼组成，形状如拖网，但两翼很长，网囊很短；另一种是无囊长带形网具。围网的工作原理是，根据捕捞对象集群的特性，利用长带形网具或一囊两翼的网具包围鱼群，采用围捕或结合围张、围拖等方式，迫使鱼群集中于取鱼部或网囊，从而达到捕捞目的。

围网捕捞强度大，对渔业资源影响大，尤其对幼鱼资源破坏严重。围网主要包括单船围网、双船围网、多船围网这几种。

（1）单船围网

俗称：高踏网、高网、扯网、铁脚网、腰合网。

单船围网分为单船有囊围网和单船无囊围网。单船有囊围网由网翼、网囊、上下网缘、纲索及属具等组成。单船无囊围网由网翼、取鱼部及其他纲索与属具等组成（图3-13）。一个作业单位包括一艘网船和几艘辅助船（图3-14）。

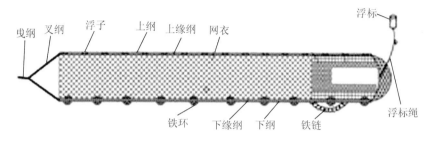

图 3-13 单船围网结构图

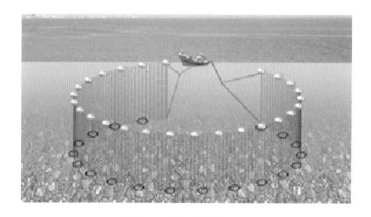

图 3-14 单船围网作业图

（2）双船围网

俗称：高踏网、高网、扯网、铁脚网、腰合网。

双船围网分为双船有囊围网和双船无囊围网。双船有囊围网由网翼、网囊、上下网缘、纲索及属具等组成。双船无囊围网由网翼、取鱼部及其他纲索与属具等组成（图3-15）。一个作业单位由两艘网船同时进行起放网操作（图3-16）。

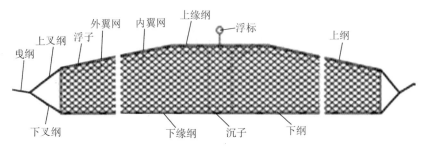

图 3-15　双船围网结构图

图 3-16　双船围网作业图

（3）多船围网

俗称：高踏网、高网、扯网、铁脚网、腰合网。

多船围网与单船围网和双船围网的不同之处在于一个作业单位由三艘以上的网船组成（图 3-17、图 3-18）。

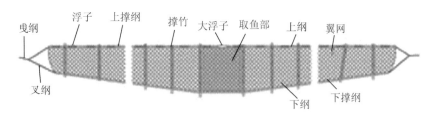

图 3-17　多船围网结构图

图 3-18 多船围网作业图

3. 拖网

拖网是依靠渔船动力拖曳渔具，在经过的水域将鱼、虾、蟹、贝或软体动物强行拖捕入网，从而达到捕捞目的。根据拖网渔具的结构，拖网可分为单片、单囊、多囊、桁杆、框架、有翼（袖）单囊、有翼（袖）多囊、双联、双体等九个"型"。

拖网对捕捞对象的选择性差，捕捞强度大，对渔业资源破坏严重，破坏底栖生态环境。拖网主要包括单船拖网、双船拖网、多船拖网等。

（1）单船拖网

俗称：拖网、沉网、底拖网。

单船拖网指一个作业单位由一艘船只完成拖网作业（图 3-19、图 3-20）。

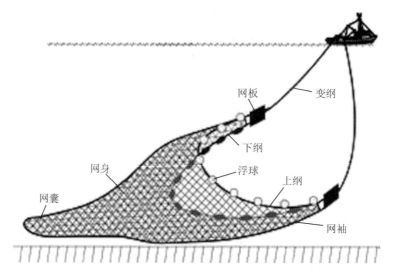

图 3-19　单船拖网结构图

图 3-20　单船拖网作业图

（2）双船拖网

俗称：拖网、沉网、底拖网。

双船拖网指一个作业单位由两艘船只同拖一顶拖网作业（图 3-21、图 3-22）。

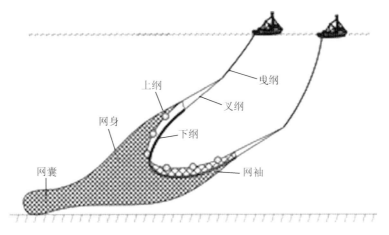

图 3-21　双船拖网结构图

图 3-22　双船拖网作业图

（3）多船拖网

俗称：拖网、沉网、底拖网。

多船拖网指一个作业单位由三艘及三艘以上船只同拖一顶拖网作业
（图 3-23）。

图 3-23 多船拖网作业图

4. 地拉网

根据网具结构形式和捕捞对象的不同，地拉网的工作方式分为两种：一种是利用长带形的网具（有囊或无囊）包围一定水域后，在岸边或冰上或船上曳行并拔收曳纲和网具，逐步缩小包围圈，迫使鱼类进入网囊或取鱼部，从而达到捕捞的目的。另一种是用带有狭长或宽阔的网盖，网后方结附小囊或长方形网兜的网具，通过岸边收长曳纲，拖曳网具，将其所经过水域的底层鱼类、虾类拖捕到网内，而后至岸边起网取鱼。

地拉网网目尺寸小，对捕捞对象的选择性差，对幼鱼资源破坏严重。地拉网主要是船布地拉网（网目内径尺寸小于 30 mm）（图 3-24）。

长江『十年禁渔』实用手册

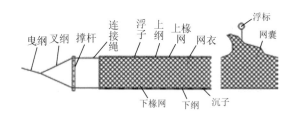

图 3-24 船布有翼囊地拉网结构图

船布地拉网（网目内径尺寸小于 30 mm）俗称：地曳网、麻布网、细网、布网、嫩网、摇网、爬网、圆网。

船布地拉网的工作方式是，在放网时利用船舶将网具向岸呈弧形布网，然后在岸上同时收拉两端曳纲和网具起网，收取渔获物（图 3-25、图 3-26）。

图 3-25　船布有翼单囊地拉网作业图

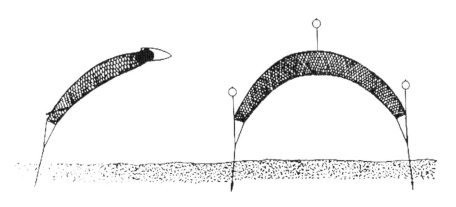

图 3-26　船布无囊地拉网作业图

5. 张网

张网作业的工作原理是根据捕捞对象的生活习性和作业水域的水文条件，将囊袋型网具，用桩、锚或竹竿、木杆等敷设在河流、湖泊、水库等具有一定水流速度的区域或鱼类等捕捞对象的洄游通道上，依靠水流的冲击，迫使捕捞对象进入网中，从而达到的捕捞目的。

张网网目尺寸小，对捕捞对象的选择性差，对幼鱼资源破坏严重。张网包括以下形式：单片张网（网目内径尺寸小于 50 mm）；桁杆张网（网目内径尺寸小于 50 mm）；框架张网（网目内径尺寸小于 50 mm）；竖杆张网（网目内径尺寸小于 50 mm）；张纲张网（网目内径尺寸小于 50 mm）；有翼单囊张网（网目内径尺寸小于 50 mm）。

（1）单片张网（网目内径尺寸小于 50 mm）

俗称：底扒网。

单片张网由单片网衣和上纲、下纲构成，形似刺网，部分网具中间或两侧配有小网囊（图 3-27）。作业时一般将若干片单片网首尾连接，形成网列，相邻两片网之间及网列首尾均用锚或桩固定（图 3-28）。

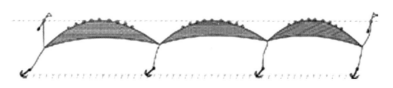

图 3-27　单片张网结构图

图 3-28　单片张网作业图

（2）桁杆张网（网目内径尺寸小于 50 mm）

俗称：定置网门、琼网。

桁杆张网通过安装在网口上下缘的桁杆来实现网口的扩张，网具由网身和网囊等组成（图 3-29）。有的桁杆张网的网口有两根桁杆，有的只有一根（图 3-30）。

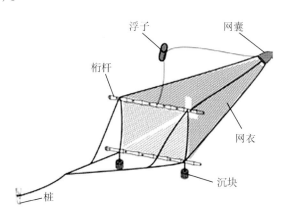

图 3-29　桁杆张网结构图

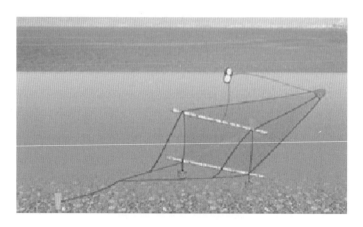

图 3-30　桁杆张网作业图

（3）框架张网（网目内径尺寸小于 50 mm）

俗称：银鱼板网、船挑网、鱼架子网。

框架张网依靠预先固定在网口的框架来实现和保持网口的扩张，网口扩张不随水流的变化而变化，可用锚、桩、船等多种方式固定（图 3-31、图 3-32）。框架的形状有矩形、梯形、三角形等。

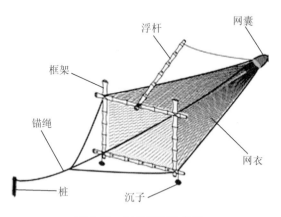

图 3-31　框架张网结构图

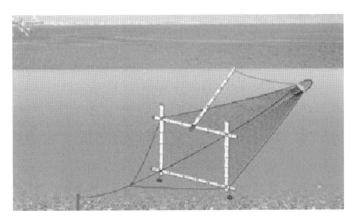

图 3-32　框架张网作业图

（4）竖杆张网（网目内径尺寸小于 50 mm）

俗称：深水张网、濠网、坛子网。

竖杆张网由网身和网囊等组成，依靠安装在网口左右两侧的两根竖杆来实现网口的垂直扩张，通过竹竿、锚、桩、船等以一定的水平扩张将网具敷设在水中（图 3-33、图 3-34）。

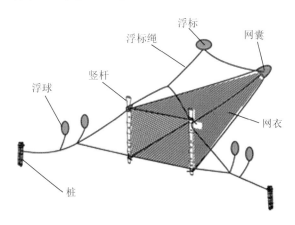

图 3-33　竖杆张网结构图

图 3-34　双竖杆张网作业图

（5）张纲张网（网目内径尺寸小于 50 mm）

俗称：千秋网、大捕网、帆张网。

张纲张网由网身、网囊、上纲、下纲及其他纲索与属具等构成，由锚或桩等固定，依靠张纲和浮子、沉子维持网口的垂直扩张，用帆布或锚、桩等维持网口的水平扩张（图 3-35、图 3-36）。

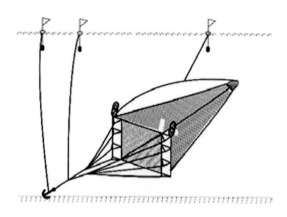

图 3-35　张纲张网结构图

图 3-36　张纲张网作业图

（6）有翼单囊张网（网目内径尺寸小于 50 mm）

俗称：麻濠、腿缯网。

有翼单囊张网由网翼、网身、网囊、上纲和下纲等构成，形似有翼（袖）单囊拖网（图 3-37）。利用桩或锚固定网具和维持网口的水平扩张，以浮子和沉子维持网口的垂直扩张（图 3-38）。

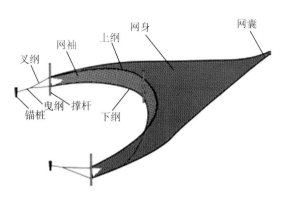

图 3-37　有翼单囊张网结构图

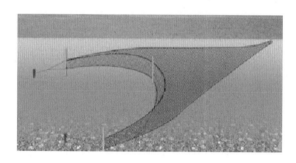

图 3-38　有翼单囊张网作业图

6. 敷网

敷网作业是指将网具敷设在水中，等待、诱集或驱赶捕捞对象进入网的上方，然后提升网具从而达到捕捞目的。

敷网网目尺寸小，对捕捞对象的选择性差，对幼鱼资源破坏严重。拦河撑架敷网横贯河道拦河作业，阻挡鱼类洄游，影响河道通航。敷网包括拦河撑架敷网（网目内径尺寸小于 30 mm）和船敷敷网（网目内径尺寸小于 30 mm）。

（1）拦河撑架敷网（网目内径尺寸小于 30 mm）

俗称：拦河网、拦河罾、抬网。

拦河撑架敷网由支架或支持索和矩形网衣等构成，将渔具敷设在河道上作业，河道两侧有支架或支撑点（图 3-39）。作业时将鱼群诱集至网具上方，在合适时间内起网捕获（图 3-40）。

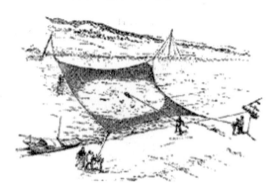

图 3-39　拦河撑架敷网作业图

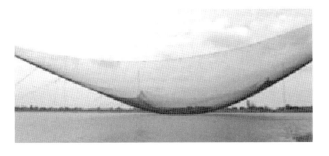

图 3-40　拦河撑架敷网作业图

（2）船敷敷网（网目内径尺寸小于 30 mm）

俗称：行罾、船头罾、畚箕网。

船敷敷网网具呈方形、箕形，渔船将网浮敷于水面，或沉敷于水底，用光、饵料等诱集鱼类进入网具上方而起捕（图 3-41、图 3-42）。

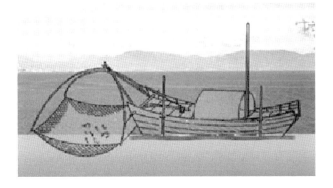

图 3-41　船敷撑架敷网作业图

图 3-42　船敷箕状敷网作业图

7. 陷阱

陷阱是固定设置在水域中，基于阻断、诱导、分区、陷阱等渔法要素，使捕捞对象受拦截、诱导而陷入的渔具。

陷阱对捕捞对象的选择性差，对渔业资源破坏严重，不仅阻挡鱼类洄游，还影响河道通航。陷阱的种类主要有插网陷阱、建网陷阱、箔筌陷阱等。

（1）插网陷阱

俗称：迷魂阵。

插网陷阱由矩形网衣和插竿构成，在河流或湖泊水位低时，网具通常露出水面，渔获物因被网拦截或导陷，无法返回河流或湖泊而被捕获（图 3-43、图 3-44）。有时，捕捞者还以辅助手段强制其陷入而捕获。

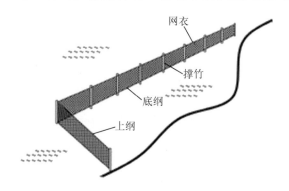

图 3-43　拦截插网陷阱结构图

图 3-44　拦截插网陷阱作业图

（2）建网陷阱

俗称：迷魂阵。

建网陷阱由插杆、长带形网衣（网墙部）、网身部、网圈和起鱼部构成，起鱼部通常带有倒须，以拦截或导陷方式将鱼类聚集至起鱼部（图3-45、图3-46）。该渔具规模通常较大，起鱼部部分或全部在水面下，鱼在起鱼部内部可游动。

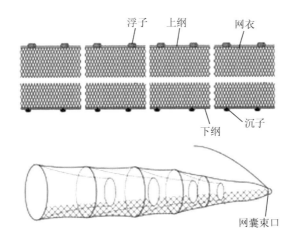

图 3-45　导陷建网陷阱结构图

图 3-46　导陷建网陷阱作业图

（3）箔筌陷阱

俗称：迷魂阵。

箔筌陷阱的捕鱼原理和渔具结构与建网陷阱相同，仅渔具材料不同（图3-47、图3-48）。建网陷阱使用网衣，箔筌陷阱主要使用竹、木等材料。捕捞者根据季节、水流、鱼类栖息洄游习性等的不同特点敷设渔具。

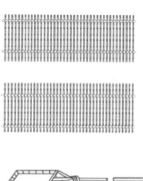

图3-47 导陷箔筌陷阱结构图

图3-48 导陷箔筌陷阱作业图

8. 钓具

钓具作业是指在钓线上系结钓钩，并装上诱惑性的饵料（真饵或拟饵），利用鱼类、甲壳类、头足类等动物的食性，诱使其吞食，从而达到捕获目的。

钓具包括定置延绳真饵单钩钓具、漂流延绳真饵单钩钓具、拟饵复钩钓具、真饵复钩钓具。

定置延绳真饵单钩钓具与漂流延绳真饵单钩钓具的渔具敷设范围广，捕捞强度相对较大。拟饵复钩钓具（钓钩数7个及以上）与真饵复钩钓具（钓钩数7个及以上）的捕捞强度大，钓获效率高，对渔业资源的保护造成不利影响。

（1）定置延绳真饵单钩钓具

俗称：延绳钓、小钩。

定置延绳真饵单钩钓具为延绳结构（图 3-49），具体使用方法是，在一根干线上系结许多等距离的支线，末端结有单钩和真饵，用锚或沉石将其固定于水底，由此实现捕捞（图 3-50）。常用于水流较急、渔场面积狭窄的水域钓捕底层鱼类。

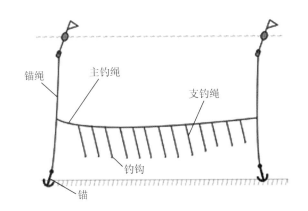

图 3-49　定置延绳真饵单钩钓具结构图

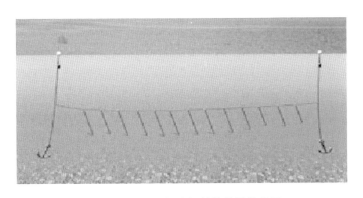

图 3-50　定置延绳真饵单钩钓具作业图

（2）漂流延绳真饵单钩钓具

俗称：延绳钓、小钩。

漂流延绳真饵单钩钓具为延绳结构，在一根干线上系结许多等距离的支线，末端结有单钩和真饵，利用浮子、沉子装置，将其敷设于表层、中层和底层，作业时随水流漂动，由此实现捕捞（图3-51、图3-52）。

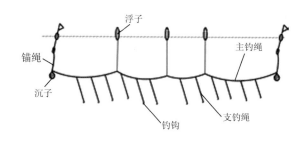

图 3-51　漂流延绳真饵单钩钓具结构图

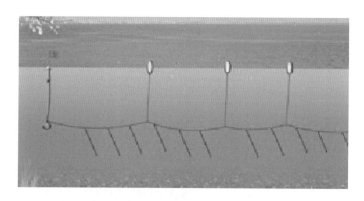

图 3-52　漂流延绳真饵单钩钓具作业图

（3）拟饵复钩钓具（钓钩数7个及以上）

俗称：爆炸钩、盘钩、串钩。

拟饵复钩钓具为具有7个及以上钓钩数的复钩（一轴多钩或由多枚单钩组成的钓钩结构），采用拟饵（图3-53、图3-54）。

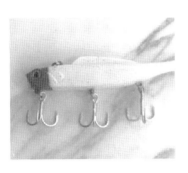

图 3-53　拟饵复钩

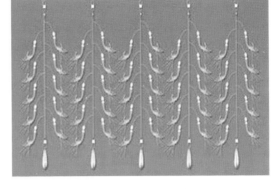

图 3-54　拟饵复钩

（4）真饵复钩钓具（钓钩数 7 个及以上）

俗称：爆炸钩、盘钩、串钩。

真饵复钩钓具为具有 7 个及以上钓钩数的复钩（一轴多钩或多枚单钩组成的钓钩结构），饵料为真饵（图 3-55、图 3-56）。

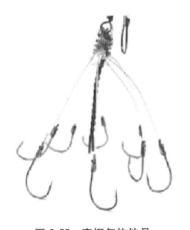

图 3-55　真饵复钩钓具

图 3-56　真饵复钩钓具作业图

9. 耙刺

耙刺作业是指利用锐利的钩、耙、箭、叉等物直接刺捕鱼类或铲捕贝类，从而达到捕捞目的的作业。

耙刺包括拖曳齿耙耙刺、拖曳泵吸耙刺、定置延绳滚钩耙刺、钩刺耙刺、投射箭铦耙刺、投射叉刺耙刺。

拖曳齿耙耙刺与拖曳泵吸耙刺捕捞强度大，严重破坏底栖生物资源和底栖生态环境。定置延绳滚钩耙刺、钩刺耙刺（仅限锚鱼、武斗竿）、投射箭铦耙刺和投射叉刺耙刺破坏渔业资源，对长江江豚等保护动物威胁大，对渔业资源保护造成不利影响。投射箭铦耙刺和投射叉刺耙刺还存在安全使用隐患。

（1）拖曳齿耙耙刺

俗称：机动船托齿耙、动力蚌扒、贝耙、螺耙。

拖曳齿耙耙刺由耙架装齿、钩或另附容器构成（图3-57），以拖曳方式作业，利用船舶动力拖曳齿耙渔具把埋栖在水底的贝类、蟹类等掘起拖入网囊中，从而达到捕捞目的（图3-58）。

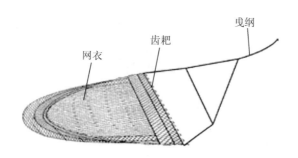

图3-57 拖曳齿耙耙刺结构图

图3-58 拖曳齿耙耙刺作业图

（2）拖曳泵吸耙刺

俗称：吸螺机、吊杆捕螺机、机吸蚬子。

拖曳泵吸耙刺由水泵、吸管和吸口构成（图3-59）。作业时，将吸口放到水域底部，水泵边吸，渔船边缓慢前行，将吸入物注入船上设置的一大型网兜内过滤清洗筛选，由此得到渔获物（图3-60）。

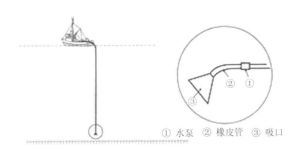

① 水泵　② 橡皮管　③ 吸口

图 3-59　拖曳泵吸耙刺结构图

图 3-60　拖曳泵吸耙刺作业图

（3）定置延绳滚钩耙刺

俗称：滚钩、粘钩、排钩、挂钩、拉钩、空钩。

定置延绳滚钩耙刺为延绳结构，由干线直接连接锐钩或由干线上若干支线连接锐钩构成（图3-61）。具体工作方法是，将渔具固定敷设于鱼类活动场所，通过钩刺鱼体达到捕获目的（图3-62）。

图 3-61　定置延绳滚钩耙刺　　　　图 3-62　定置延绳滚钩耙刺作业图

（4）钩刺耙刺

俗称：锚鱼、可视化锚鱼器、武斗竿、拉钩、甩钩。

锚鱼时，将钓钩抛进水中沉底，引诱捕捞对象至钓钩附近，使钩刺入鱼体而将其捕获。武斗竿的使用方法是，将空钩经钓线结缚在钓竿上，在水中拖拽钓钩使之刺挂鱼体，从而达到捕捞目的。一根钓线上常连接多枚锚钩（图 3-63、图 3-64）。

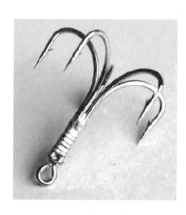

图 3-63　锚钩　　　　　　　　　　图 3-64　武斗竿

（5）投射箭铦耙刺

俗称：弹弓射鱼器。

投射箭铦耙刺由绳索连接箭形尖刺或者带有倒刺的尖刺构成（图3-65）。捕捞者通过弹弓等器具将箭铦射入鱼体内，从而达到捕捞目的（图3-66）。

图 3-65　投射箭铦耙刺

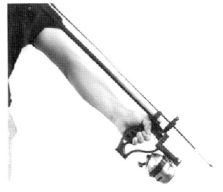

图 3-66　投射箭铦耙刺作业图

（6）投射叉刺耙刺

俗称：鱼叉。

投射叉刺耙刺由叉柄和叉刺两部分构成（图3-67）。捕捞者以投射的方式操纵叉柄，叉刺鱼体，从而达到捕捞目的（图3-68）。

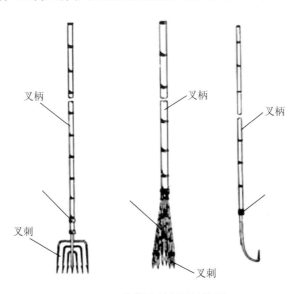

叉柄

叉柄

叉柄

叉刺

叉刺

图 3-67　投射叉刺耙刺结构图

图 3-68　投射叉刺耙刺作业图

10. 笼壶

笼壶作业是根据捕捞对象的习性，设置洞穴状物体或笼具诱其入内，从而达到捕获目的。

笼壶网目尺寸小，对捕捞对象的选择性差，对幼鱼资源破坏严重。笼壶主要包括定置（串联）倒须笼壶（网目内径尺寸小于 30 mm）和定置延绳倒须笼壶（网目内径尺寸小于 30 mm）。

（1）定置（串联）倒须笼壶（网目内径尺寸小于 30 mm）

俗称：地笼、蟹笼、虾笼。

定置（串联）倒须笼壶由若干规格相同的刚性框架和网衣构成，刚性框架和网衣连成一体构成笼具，相邻框架间有倒须网口结构（图 3-69）。捕捞者将其敷设于水底，部分笼内装饵料，引诱虾蟹等入笼，从而达到捕获目的（图 3-70）。

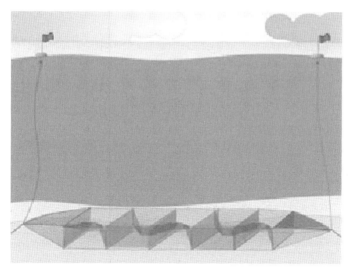

图 3-69 定置（串联）倒须笼壶结构图

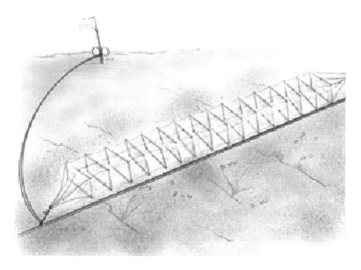

图 3-70 定置（串联）倒须笼壶作业图

（2）定置延绳倒须笼壶（网目内径尺寸小于 30 mm）

俗称：地笼、蟹笼、虾笼。

定置延绳倒须笼壶是由干绳和若干支线结缚有倒须的笼形器具构成（图 3-71），并以定置延绳方式作业的笼渔具，笼内装饵料，引诱虾蟹等进入，从而达到捕获目的（图 3-72）。

图 3-71　定置延绳倒须笼壶结构图

图 3-72　定置延绳倒须笼壶作业图

（三）设定禁捕范围和时间

根据《渔业法》《国务院办公厅关于加强长江水生生物保护工作的意见》（国办发〔2018〕95 号）和《农业农村部 财政部 人力资源和社会保障部关于印发〈长江流域重点水域禁捕和建立补偿制度实施方案〉的通知》（农长渔发〔2019〕1 号）等有关规定，2019 年 12 月，农业农村部发布了《农业农村部关于长江流域重点水域禁捕范围和时间的通告》，对重点水域分类实行禁捕，并且明确了相应范围和时间，具体如下。

1. 水生生物保护区

《农业部关于公布率先全面禁捕长江流域水生生物保护区名录的通告》（农业部通告〔2017〕6 号）公布的长江上游珍稀特有鱼类国家级自然保护区等 332 个自然保护区和水产种质资源保护区，自 2020 年 1 月 1 日 0 时起全面禁止生产性捕捞。有关地方政府或渔业主管部门宣布在此之前实行禁捕的，禁捕起始时间从其规定。今后长江流域范围内新建立的以水生生物为主要保护对象的自然保护区和水产种质资源保护区，自建立之日起纳入全面禁捕范围。

2. 干流和重要支流

长江干流和重要支流是指《农业部关于调整长江流域禁渔期制度的通告》（农业部通告〔2015〕1 号）公布的有关禁渔区域。长江干流和重要支流除水生生物自然保护区和水产种质资源保护区以外的天然水域，最迟自 2021 年 1 月 1 日 0 时起实行暂定为期 10 年的常年禁捕，其间禁止天然渔业资源的生产性捕捞。鼓励有条件的地方在此之前实施禁捕。有关地方政府或渔业主管部门宣布在此之前实行禁捕的，禁捕起始时间从其规定。

3. 大型通江湖泊

鄱阳湖、洞庭湖等大型通江湖泊除水生生物自然保护区和水产种质资源保护区以外的天然水域，由有关省级渔业主管部门划定禁捕范围，最迟自 2021 年 1 月 1 日 0 时起实行暂定为期 10 年的常年禁捕，其间禁止天然渔业资源的生产性捕捞。鼓励有条件的地方在此之前实施禁捕。有关地方政府或渔业主管部门宣布在此之前实行禁捕的，禁捕起始时间从其规定。

4. 其他重点水域

与长江干流、重要支流、大型通江湖泊连通的其他天然水域，由省级渔业行政主管部门确定禁捕范围和时间。

（四）制定整治实施办法

2021 年 3 月 26 日，江苏省公安厅、农业农村厅联合制定《全省长江流域非法捕捞重点地区挂牌整治实施办法》，要求对经核实符合下列情形之一的地区实施挂牌整治：

非法捕捞违法犯罪活动持续多发、高发，打击整治成效不明显的。

发生非法捕捞水产品案件，被媒体曝光、网络传播造成重大舆论影响的。

发生涉渔类涉稳事件，造成较大社会影响或重大涉渔类涉稳信访问题长期未能解决的。

群众举报涉渔违法犯罪线索查证属实次数较多的。

打击整治长江流域非法捕捞工作推动不力、非法捕捞屡禁不止的。

利用其他船舶、"三无"船舶从事非法捕捞问题突出的。

督导检查中发现存在突出问题的。

其他需要挂牌整治的情形。

对思想不重视、部署不周密、措施不得力、工作不到位、弄虚作假及隐瞒事实真相的挂牌整治重点地区，将综合采取约谈、通报等措施予以处理。对发生重大案件或事件，造成不良影响的，按照有关规定移送相关部门追究责任。通过强化整治措施，完成整治任务，及时全面整改、打击整治长江流域非法捕捞工作中存在的突出问题，扭转挂牌整治重点地区工作推动不力的局面。

（五）建立举报奖励制度

针对江苏省长江流域禁捕退捕范围广、监管难度大等特点，为充分发动和依靠群众，实行群防群治、联防联控，2020年7月14日，江苏省推进长江流域禁捕退捕工作领导小组办公室印发了《关于建立长江流域非法捕捞举报奖励制度的指导意见》。该指导意见建立完善了非法捕捞有奖举报制度，对举报受理范围、奖励条件及原则、奖励标准与资金来源、奖励程序、监督管理等做了明确的工作要求，目的是进一步强化社会监督，发挥群众参与禁捕退捕监管的积极性、主动性，及时发现涉渔违法违规案件线索，依法严厉打击非法捕捞行为，切实加强长江流域水生生物资源和生态环境保护，确保长江流域禁捕退捕取得扎实成效。

（六）印发应急值守制度

为切实做好长江流域禁捕有关工作，江苏省推进长江流域禁捕退捕工作领导小组办公室制定印发了《江苏省渔政应急值守工作制度》，明确了中国海监江苏省总队负责组织、协调全省渔政应急值守工作，各设区市、县（市、区）渔政执法机构负责本地区渔政应急值守工作，并做好与上下级及有关部门的沟通、协调的职责分工。同时，该文件对值班要求、值班人员职责、值班工作制度、信息处置等工作做了进一步的规定，细化了值班记录制度、来电接听制度、交接班制度和保密制度。印发该文件的目的是，通过加强江苏省渔政24小时应急值守，紧盯重点区域、重点人员、重点时段，充分利用举报线索，严厉打击涉渔"三无"船舶、"电毒炸""绝户网"和非法捕捞珍贵、濒危水生野生动物等违法行为，确保长江"十年禁渔"管得好、禁得住。

三、机制健全

（一）健全协作联合机制

江苏省推进长江流域禁捕退捕工作领导小组办公室下发《关于征求〈联合做好长江"十年禁渔"工作方案（征求意见稿）〉意见的函》，就部门协作联合做好长江"十年禁渔"工作征求意见。该文件要求相关部门主要开展以下七项协作。

1. 开展打击非法捕捞协作

聚焦交界水域、非法捕捞隐患突出水域等重点水域，以及长江刀鲚、江蟹洄游等重点时段，开展水上联合巡航巡查执法。合作开展打击非法捕捞专项整治行动和清网行动，依法严厉打击查处"电毒炸""绝户网"等非法作业方式，依法严厉打击非法捕捞和经营利用中华鲟、长江鲟、江豚等国家重点保护水生野生动物及非法垂钓等涉渔违法违规行为。强化行刑衔接，完善工作模式，提高线索发现和案件经营能力，坚持在法治轨道上推动全链条、全环节精准打击。

2. 开展治理整顿"三无"船舶协作

加强对公务、营运、科研等船舶的规范管理。将禁捕范围内按照国家规定不予发放相关证书的乡镇自用船舶予以登记备案，实行分类管理，确定航区用途，统一编制标识船名船号，并明确要求不得有非法捕捞、运输、销售天然渔业资源等行为，以消除非法捕捞隐患。深入开展"三无"船舶（即无船名船号、无船舶证书、无船籍港）和大马力快艇联合排查整治力度，依法查处"三无"船舶在禁捕水域停泊、航行及从事非法涉渔活动。对长期闲置、无人管理、所有人不明的船舶，依法履行公告程序，进行分类处置。

3. 开展查处制售非法捕捞渔具协作

聚焦生产厂家、电商平台、渔具销售店铺等市场主体，依法严厉打击制造和销售"电毒炸"工具、非法网具、禁用渔具，以及发布相关非法信息等违法行为，取缔电鱼器具等非法渔具制造黑窝点、黑作坊。对查获的非法制售捕捞渔具案件，追查供货来源、销售渠道和其他涉案线索。

4. 开展水产品生产企业监管协作

以水产品及其制品生产企业、小作坊为重点，加大日常监督检查和飞行检查力度，督促企业严格落实进货查验记录制度，严把进货查验关，禁止采购、加工非法捕捞渔获物，严防来源不明的水产品及制品混入生产环节。

5. 开展市场销售监管协作

以农产品批发市场、农贸市场、商超、餐饮单位等为重点，深入开展监督检查，督促市场开办者、销售者、餐饮经营单位严格履行主体责任，加强索证索票管理，查验并留存户地证明或者购货凭证，不得采购和销售非法捕捞渔获物，不得采购和销售珍贵、濒危的水生野生动物及其产品，不得采购和销售无溯源凭证、来源不明的水生野生动物及其产品。对检查中发现的采购、经营无合法来源水产品的违法违规行为，监督水产品经营者立即停止经营，并依法依规从重查处。

6. 开展网络交易监管协作

指导并督促属地电商平台加强平台自治，落实主体责任，加大对平台内销售"长江野生鱼""野生江鲜"等长江流域非法捕捞渔获物行为的监测力度，一经发现相关违法行为，督促平台及时采取下架（删除、屏蔽）信息、终止平台服务等必要处置措施。电商平台经营者所在地和平台内经营者所在地市场监督管理部门积极配合，做好调查取证等案件协查工作。

7. 开展广告监管协作

加大对属地电视台、广播电台等传统媒体及门户网站、搜索引擎、电商平台等互联网媒介的广告监测力度，严禁发布有关捕捞、出售、购买、运输、转让、加工消费长江流域非法捕捞渔获物的违法违规广告，对涉嫌违法的广告，及时移送属地依法从严查处。通过案件协查、信息共享等方式，联合查处跨区域的虚假违法广告案件。

（二）发挥河湖长制优势

江苏省河长制工作办公室印发《省河长办关于充分发挥河湖长制作用助力长江流域禁捕退捕工作的通知》，要求各级河长、湖长切实履行好河湖治理保护第一责任人的职责，将禁捕退捕工作作为河长、湖长履职的重要内容，加强督促指导，发挥河湖长制优势，开展联合行动，助力长江流域禁捕退捕工作。

1. 以全面的水资源保护助力禁捕退捕

严格水功能区管控，推进水功能区达标建设，完成重点河湖水功能区达标整治任务，不断加强水产种质资源保护区管理保护。加强水污染防治，优化产业布局，充分考虑河湖承载能力和环境容量，合理确定发展布局、结构和规模；摸清污染源底数，加强统筹治理，持续削减入河、入湖污染物排放量，以不断提升的河湖水质为渔业高质量发展提供基础。

2. 以系统的水生态建设助力禁捕退捕

围绕服务水生生物资源开发利用、渔业养殖科学布局、渔业综合治理等工作，将长江流域禁捕退捕纳入河湖管理保护总体规划。开展水环境综合治理，深入推进"两违三乱"整治、黑臭水体治理、农村水环境综合整治等专项治理工作；加强生态河湖建设，积极推进退圩还湖，实施河湖生态清淤，开展小流域综合治理，保障河湖生态流量（水位），规范水工建设、疏航、勘探、兴建锚地、爆破等行为，帮助河湖休养生息，养护水生生物资源。以优质的水环境，为实现水生生物多样性和生态平衡目标提供保障。

3. 以严格的执法监督助力禁捕退捕

加大河湖监管执法力度，建立健全信息共享、定期会商、联合执法机制；开展专项执法行动，加强对重点水域、敏感水域、水生生物保护区等的执法监管，对侵害河湖、违法捕捞、电毒炸鱼等行为早发现、早制止、早处理；统筹涉河、涉湖、涉渔执法协作，推进行政执法与刑事司法有效衔接，严厉打击涉河、涉湖、涉渔违法行为，为巩固禁捕退捕成果提供支持。

4. 以长效的工作机制助力禁捕退捕

推进县乡河湖划界确权工作，强化河湖管理流域化、管护网格化、资源权属化；提升河湖空间动态监管能力，加强河湖日常监管巡查，创新建立河湖保护管理、水生资源治理长效机制；协助做好退捕渔民转产安置工作，帮助退捕渔民生计得到有效保障。以良好的工作机制，为扩大禁捕退捕成效提供服务。

四、队伍保障

（一）加强执法编制配备

江苏省委编委印发了《关于加强沿江市县渔政监管执法机构编制配备的意见》，强调围绕新形势下落实长江"十年禁渔"的总体目标任务，按照中央及省委关于长江流域禁捕退捕工作的要求，坚持"优化协同高效"原则，科学合理配置渔政监督管理职能，构建职责明确、监管有力、依法行政的禁捕退捕渔政工作职责体系，依法依规增加沿江市县渔政人员编制，为打赢江苏省长江流域禁捕退捕攻坚战提供坚实的机构编制保障。具体主要有以下六方面的工作措施。

1. 完善禁捕退捕工作职责体系

构建纵向贯通省、市、县、乡、村，横向联动行业部门的禁捕退捕渔政监管和执法工作职责体系。省级渔政主管部门强化禁捕退捕渔政工作统筹协调和监督指导工作职责，重点做好相关政策制定、重大任务督促落实、专项行动部署及全省执法统筹协调等工作。有关设区市、县（市、区）渔政主管部门重点做好辖区内政策宣传、统计调查、捕捞证回收注销及督促做好船网回收处置等相关工作，做好职责范围内的渔政管理和执法工作。乡、村两级积极做好渔政执法辅助工作，重点开展政策宣传、摸底调查、日常巡查、执法协助等工作。各级机构编制、公安、司法、财政、人力资源和社会保障、民政、交通运输、水利、市场监管、林业、海事等部门按照职责分工，做好禁捕退捕有关工作。

2. 完善农业综合行政执法体制

按照中共中央办公厅、国务院办公厅《关于深化农业综合行政执法改革的指导意见》（中办发〔2018〕61号）要求，推进执法重心下移、执法力量下沉，设区的市和市辖区只设一个执法层级，未单独设置农业农村局的县（市、区），由设区市统一渔政执法。长江、淮河、大型湖泊等渔业执法任务较重、已经设有渔政执法队伍的地区，可继续保持相对独立设置。已经实行更大范围跨领域、跨部门综合行政执法的，可以继续探索。具备条件的地区可结合实际进行更大范围的综合行政执法。

3. 加强渔政监督管理服务机构设置

沿江县（市、区）农业农村工作部门可单独内设禁捕退捕工作机构，实行综合设置的可加挂禁捕退捕工作机构牌子。禁捕执法任务重的沿江市、县农业综合行政执法支队（大队）可加挂渔政执法机构牌子，阶段性增加领导职数，专职开展禁捕执法工作；少数水域分散、执法难度大的沿江市、县农业综合执法大队，可按区域综合设置渔政执法中队，提高禁捕执法快速反应能力。通过优化农业综合行政执法服务机构设置，强化渔业服务公益职能，加快建立渔业技术服务机构与生产经营主体等广泛参与、分工协作的多元渔业技术服务体系，为渔业转型升级、可持续发展提供支撑。

4. 强化沿江市县渔政人员编制保障

围绕"按标配备、动态调整"原则，综合考虑禁捕退捕执法工作需要，统筹增加人员编制，按照长江岸线平均每 1.5 千米 1 名编制的标准配备渔政执法人员。根据农业综合行政执法体制改革要求，沿江市级农业综合行政执法支队编制配备不低于 25 名，县级农业综合行政执法大队编制配备不少于 20 名。已实行农业综合执法的设区市、县（市、区）按照长江岸线平均 1.5 千米 1 名编制配备后仍低于以上标准的，按照标准执行，所需编制由市、县从历次改革收回的编制中统筹解决。市、县根据工作需要，可调剂加强农业综合服务机构人员编制，配齐配强渔业专业技术服务人员。

5. 统筹基层禁捕退捕人员力量

充分发挥乡、村两级管理末梢作用，沿江乡镇（街道）从前期推进"三整合"改革下沉的人员编制中适当调剂 2~3 名事业编制，配备相应人员承担禁捕退捕工作任务。探索设置公益性岗位，支持通过政府购买劳务等方式，建立长江协助巡护队伍，积极发挥长江禁捕群防群治作用，弥补长江禁捕执法管理力量不足。为满足 24 小时水上值班值守和应急机动要求，按照重点水域每个村（社区）3~5 人标准配备协助巡护人员，优先使用退捕渔民，协助开展巡查护鱼等工作。有国家级和省级水生生物保护区的大中型湖泊按照每个保护区 3~5 人标准配备协助巡护人员。

6. 提升渔政管理执法队伍能力

充分发挥农业综合行政执法机构现有人员编制作用，根据执法工作量合理安排内设渔政机构和人员分工，加强渔政业务培训。用好用足编制资源，通过现有在编人员划转、选调和面向社会公开招聘等方式，充实渔政监管和执法人员队伍。加快归并农业执法资格证种类，提升持证执法人员比例，统筹使用执法力量开展渔政执法。着力提升技防监管能力，加强信息化监管设施和执法装备建设，提高长江流域全天候、全覆盖渔政日常监管水平。

（二）建立协助巡护队伍

江苏省农业农村厅、人力资源和社会保障厅、财政厅联合发布了《关于加快建立长江流域重点水域渔政协助巡护队伍的通知》，要求围绕落实长江流域重点水域常年禁捕的目标任务，按照"打防结合，专群结合"的方针，充分利用退捕渔民熟悉水情、鱼情的优势，大力整合社会力量和资源，创新完善渔民群众积极参与的渔政管理新机制，构建群防群治禁捕监管大格局，形成打击涉渔违法行为的合力，确保实现江苏省长江流域重点水域执法监管能力明显提升、非法捕捞案发率明显下降、禁捕秩序明显好转。具体主要有以下五方面任务。

1. 按需匹配，制定队伍发展规划

各地农业农村部门要积极会同同级人力资源和社会保障、财政等部门，按照"力量匹配、规模适度、架构合理"的原则，根据本地长江流域重点水域禁捕管理任务轻重及社会发展经济状况，对渔政协助巡护队伍总体需求进行科学测算，提出合理的用人计划和总体安排，将符合就业困难条件人员纳入社会公益性岗位，明确财政经费渠道。各地应按照要求提前谋划，确保 2021 年 3 月底前渔政协助巡护人员配备到位。

2. 严格程序，规范人员招聘录用

各地农业农村部门要会同人力资源社会保障部门，研究制定渔政协助巡护人员招聘条件、标准和程序，按照公开、平等、择优的原则，规范实施招聘，对拟招聘录用的人员，应当在一定范围内向社会公示，并严格按照规定签订劳动合同或劳务协议。

3. 加强培训，提升巡护能力水平

各地要建立健全培训制度，加强对渔政巡护人员的教育培训，要围绕渔政巡护队伍岗位职责和任务要求，加强业务培训，让其了解掌握必备的法律知识及执法技能；要加强思想教育，增强协助巡护人员的政治素质和组织纪律性，培养爱岗敬业和奉献精神。

4. 统一标识，配备必要装备设施

各地要按照便于管理、易于识别的原则，结合渔业执法管理特点和需求，按照相关政策规定，科学合理制订渔政协助巡护人员装备配备计划和预算，配备必要的执勤工作服及安全防护、执法取证等设备，保障渔政协助巡护人员有效履行职责。

5. 保障生活，合理确定薪资待遇

各地要以习近平总书记"妥善解决禁捕后渔民的生活"重要指示精神为指导，合理确定渔政协助巡护人员薪资待遇，符合就业困难人员条件并通过公益性岗位安置的，按规定享受社会保险补贴和公益性岗位补贴，确保渔政协助巡护人员的基本生活得到保障，以提高渔政巡护人员的荣誉感和履职积极性。

（三）提升执法人员能力

为进一步加强全省长江渔政执法队伍建设，提升执法人员能力，保障严格规范公正文明执法，江苏省农业农村厅、司法厅联合发布《关于加强全省长江渔政执法队伍建设提升执法人员能力的通知》，对全省长江渔政执法队伍建设和执法人员能力提升提出了三方面要求。

1. 高度重视长江渔政执法队伍和执法能力建设

沿江各地农业农村部门要认真贯彻落实江苏省委编委《关于加强沿江市县渔政监管执法机构编制配备的意见》要求，确保机构调整到位、编制增加到位、人员配备到位。渔政执法人员应当接受专门培训，熟练掌握公共行政法律知识和渔政专业法律知识，经考试合格后领取行政执法证件，未通过渔政专业法律知识考试的人员不得从事渔政执法工作。

2. 集中开展渔政执法人员考试和换证工作

沿江各设区市、县（市、区）农业农村局和司法局要根据长江渔政执法实际需要，把开展执法人员培训、考试和发证作为长江"十年禁渔"的一项基础性工作抓紧抓好。

3. 构建长江渔政执法能力提升长效机制

沿江各地要大力推进渔政执法规范化建设，加强常态化培训，提升渔政执法人员能力水平。要进一步落实行政执法公示制度、执法全过程记录制度和重大执法决定法制审核制度，做到渔政执法行为过程信息全过程记载、执法全过程可回溯管理、重大执法决定法制审核全覆盖，全面提升渔政执法规范化水平；要加强执法人员法律知识更新教育培训，切实加强对渔政执法培训、考试工作的组织领导；要按照国家和江苏省建立长江流域渔政协助巡护队伍的要求，抓紧组建渔政协助巡护队伍，同时加强渔政执法辅助人员管理，定期组织专业培训，提升执法辅助人员能力。

五、专项整治

（一）长江流域重点水域全面禁捕专项执法行动

贯彻落实《国务院办公厅关于切实做好长江流域禁捕有关工作的通知》《依法惩治长江流域非法捕捞等违法犯罪的意见》《关于依法严惩长江流域重点水域非法捕捞刑事犯罪若干问题的意见》等有关文件要求，依托长江禁捕退捕工作专班和打击长江流域非法捕捞专项整治行动工作专班，强化非法捕捞全链条执法监管，推动长江流域重点水域"四清四无"常态化，确保长江"十年禁渔"开好局、起好步。

一是宣传教育引导，利用广播、电视、网络、条幅、标牌等各种媒体和媒介，全方位、多角度宣传禁捕禁钓有关制度和政策。二是严格执法监管，按照全覆盖、无死角的要求，高频次开展执法检查，深挖细查违法捕捞活动线索，持续打击"电毒炸"等各类非法捕捞和破坏珍稀濒危水生生物行为。三是加强重点时段和重点区域管控，在长江刀鲚洄游期等关键时段和省市交界、江河交汇、水生生物保护区及栖息地等重点水域组织专项执法行动，重点开展长江口专项整治，严防非法偷捕长江刀鲚的渔船进入长江口禁捕管理区作业。四是落实属地责任，强化源头治理，持续清理取缔涉渔"三无"船舶，严厉打击"三无"船舶涉渔行为。五是严格执行水生生物保护区和长江干流江苏段禁止垂钓有关规定，坚决查处违禁垂钓行为，重点打击使用多杆、多钩、锚鱼、长线串钩渔具和利用可视化设备及船、艇、袋、浮具等辅助垂钓行为。六是推动建立水产品"合格证+追溯凭证"索证索票制度，配合市场监管等部门强化对水产市场、餐饮场所、渔具市场等经营场所的执法监管，推动长江野生江鲜禁售禁食。七是落实长江禁捕退捕部际工作专班《关于加强长江流域"一江两湖七河"渔政执法能力建设的指导意见》和江苏省委编委《关于加强沿江市县渔政监管执法机构编制配备的意见》要求，推动加强渔政队伍和执法能力建设，建立人防与技防并重、专管与群管结合的保护管理新格局。八是加强部门间协调联动，畅通信息互通渠道，建立健全预警预控机制，共享案源案件信息，精准开展执法联动，对非法捕捞、销售长江渔获物等行为实施全链条打击。九是加强禁捕执法值班和应急值守，发挥协助巡护、社会监督作用，及时发现涉渔违法违规线索，进一步提高执法效能。

（二）清理取缔涉渔"三无"船舶和"绝户网"专项执法行动

贯彻落实《渔业法》《渔业船舶检验条例》《国务院对清理、取缔"三无"船舶通告的批复》等相关法律规定，完善地方党委政府牵头、多部门协调齐抓共管机制，严厉打击涉渔"三无"船舶，持续推进"绝户网"清理取缔，拆解、销毁一批涉渔"三无"船舶和"绝户网"，推动涉渔"三无"船舶和"绝户网"数量持续减少。

一是加大水上执法巡查力度，挤压涉渔"三无"船舶、浮子筏和快艇活动空间。在水上，发现从事渔业生产经营活动的涉渔"三无"船舶、浮子筏、快艇及套牌渔船，一律扣押处理。在渔港内，充分利用禁休渔期，依托渔港、码头等船舶停泊点全面开展专项清理整治，对嫌疑涉渔"三无"船舶及标识不规范的渔船、浮子筏、快艇，采取禁止离港、指定地点停靠等强制措施。对套用其他渔船证书制造或购置的渔船，一律按涉渔"三无"船舶处置。

二是联合工信、市场监管等部门对涉渔船舶修造环节加强监管，推动部门联合执法，严厉打击非法建造、改造涉渔船舶行为。

三是深入推进违规渔具清理整治"清网"行动，加强生产季节的执法检查，按照公布的长江干流捕捞渔具通告要求，对使用禁用渔具和网目尺寸严重偏离国家规定标准的渔具等行为进行重点打击。

四是对没收的违法违规涉渔"三无"船舶和渔具组织集中公开销毁，办理一批典型案件，打击一批违法犯罪分子，以案说法、以案释法，形成震慑。

（三）打击以长江刀鲚为重点的非法捕捞专项整治行动

严格落实长江"十年禁渔"工作任务，以"禁得住、管得好"为目标，突出问题导向，坚持露头就打，始终保持对非法捕捞的高压严打态势，突出抓好长江刀鲚非法捕捞整治，使易发、多发的非法捕捞态势得到有效控制，坚决斩断以长江刀鲚为重点的非法捕捞、运输、销售黑色产业链，确保长江禁捕执法监管责任落实到位，确保"禁渔令"有效执行。

按照"省负总责、市县抓落实"的工作机制，各地各部门根据职责分工和属地原则，通过水陆并进、联动联勤、昼巡夜查、明察暗访等方式开展行动。一是查处以长江刀鲚为重点的非法捕捞行为；二是查处辖区内港口、港池（汊）、渔船集中停泊点等场所转运和交易非法捕捞渔获物等行为；三是查处辖区内水产品市场和餐饮场所违规销售、食用刀鲚等野生长江鱼行为；四是强化行刑衔接，重点加大对有组织、成规模、链条化非法捕捞、运输、销售长江渔获物犯罪团伙的打击力度，保护长江水生生物资源,维护长江水域生态安全。

六、督察考核

(一)督察暗访

江苏省政府办公厅和江苏省禁捕办多次组织督察暗访,对"三无"船舶整治、打击非法捕捞垂钓、禁用渔具网具销售、开展禁捕宣传等方面存在的问题进行通报。要求进一步强化属地管理责任,配齐建强渔政执法和巡护队伍,不断提升禁渔执法信息化水平,持续加大政策制度宣传力度,坚决打好打赢长江禁捕持续战、攻坚战。

(二)工作考核

江苏省委、省政府对长江禁捕退捕工作高度重视,将其作为重大政治任务来抓,摆在重要位置,纳入高质量发展综合考核,高位推动,狠抓落实。江苏省禁捕办印发了全省长江流域重点水域禁捕退捕工作考核的通知,要求切实做好全省长江流域重点水域禁捕退捕工作考核,并对考核依据、考核对象、考核程序、结果构成等做了明确规定。为切实增强考核的客观性、公平性,通知要求采取自评与复评、会商考评与综合评定相结合的办法,多渠道、多维度考核评估禁捕退捕工作开展情况。

第四篇

苏州市落实长江"十年禁渔"工作举措

一、工作措施

（一）成立领导小组，明确责任分工

为全面推进苏州市长江流域禁捕退捕工作，苏州市政府成立了以市长为组长，常务副市长、分管副市长、副市长（公安局局长）和市政府秘书长为副组长的苏州市推进长江流域禁捕退捕工作领导小组，成员包括苏州市委宣传部、苏州市中级人民法院、苏州市人民检察院、苏州市发展和改革委员会、苏州市公安局、苏州市民政局、苏州市司法局、苏州市财政局、苏州市人力资源和社会保障局、苏州市自然资源和规划局、苏州市生态环境局、苏州市住房和城乡建设局、苏州市园林绿化管理局、苏州市城市管理局、苏州市交通运输局、苏州市水务局、苏州市农业农村局、苏州市商务局、苏州市市场监督管理局、苏州市信访局、长江航运公安局苏州分局、江苏省太湖渔业管理委员会办公室等部门的相关负责人。领导小组下设办公室和退捕推进、社会保障、执法整治、市场监管等4个专项组。

办公室由分管副市长兼任主任，苏州市委宣传部、

苏州市政府办公室、苏州市发展和改革委员会、苏州市公安局、苏州市财政局、苏州市人力资源和社会保障局、苏州市农业农村局、苏州市市场监督管理局、江苏省太湖渔管办等部门参加，负责领导小组日常工作，做好统筹协调、进度调度、督导检查等工作。

退捕推进专项组由苏州市农业农村局牵头，局长任组长，苏州市公安局、苏州市财政局、江苏省太湖渔管办参加，负责指导督促渔船渔民调查摸底、建档立卡、捕捞证及渔船渔具收回处置等工作落实，做好市以上奖补资金测算和审核拨付工作。

社会保障专项组由苏州市人力资源和社会保障局牵头，局长任组长，苏州市民政局、苏州市住房和城乡建设局、苏州市医疗保障局等部门参加，负责指导督促退捕渔民转产转业，以及符合条件的养老保险、医疗保险、低保、临时救助等对象筛查及政策落实工作。

执法整治专项组由苏州市公安局牵头，分管局长任组长，苏州市中级人民法院、苏州市人民检察院、苏州市交通运输局、苏州市水务局、苏州市农业农村局、苏州市商务局、苏州市市场监督管理局、长江航运公安局苏州分局、江苏省太湖渔管办等部门参加，负责指导督促"三无"船舶整治，涉渔违法犯罪和阻碍执行职务、妨害公务等行为的查处。

市场监管专项组由苏州市市场监督管理局牵头，局长任组长，苏州市中级人民法院、苏州市人民检察院、苏州市公安局、苏州市园林绿化管理局、苏州市城市管理局、苏州市交通运输局、苏州市农业农村局、苏州市商务局等部门参加，负责指导督促水产品交易市场、餐饮场所、电商销售平台、虚假宣传和广告等的执法监管。

二、目标任务

为认真贯彻习近平总书记等中央领导同志关于长江流域禁捕退捕工作的重要指示批示精神，进一步落实党中央、国务院及江苏省委、省政府决策部署和国家部委、江苏省有关部门具体要求，苏州市政府制定印发了

《关于全面推进我市长江流域禁捕退捕工作的实施方案》，明确了以下目标和任务。

（一）精准实施禁捕退捕

1. 全面排查摸底

各地对辖区内退捕渔民的捕捞许可证、渔船、网具、船主姓名、身份证号码、家庭人口、收入、住所、就业创业和培训需求、社会保障等情况进行全面准确的核查登记，做到每船必查、每证必核、每户必验，不漏一船、一户、一人。各地在精准识别的基础上，切实锁定渔民范围，作为补偿安置工作对象。严把调查数据质量关，利用"倒排查"机制，与国家和江苏省渔船管理等系统进行对接，确保排查结果准确无误。

2. 按时建档立卡

执行退捕渔民建档立卡工作规程，把握政策、规范程序。按照"造册登记、村组评议、乡镇入户确认并公示、县级联合审核"的程序，为渔船渔民建档立卡，做到"一船一档"，确保政策公开、规则公平、结果公正、渔民公认，做好退捕渔船渔民档案资料管理。建档立卡信息以各市、区为单位，经市、区政府盖章确认后，报苏州市农业农村局备案，全部录入农业农村部长江流域退捕渔船管理信息系统。

3. 及时处置船网证

各地根据实际情况，制定出台退捕船网证处置的具体程序、补偿标准和奖惩措施。开展船网工具评估、补偿费用核定，及时与渔民签订退捕协议。依法收回并注销内陆渔业船舶证书，推进退捕渔船、渔具网具分类处置，严格监督验收，实现证注销，船、网处置。

4. 规范禁捕退捕工作

明确禁捕时间、禁捕范围、禁止事项、违禁处罚等内容，设置禁捕标志牌。制定禁捕退捕船网工具回收处置指导意见等，对参与人员进行岗前培训，科学、有序、规范地开展退捕工作。建立禁捕水域水生生物资源调查监测体系与评估机制，全面掌握、评估禁捕水域水生生物资源动态变化情况，探索具有苏州特色的水生生物资源保护和利用模式。

（二）落实退捕渔民保障

1. 聚焦"应转尽转、应帮尽帮"，促进就业创业

通过发展产业安置一批。充分发挥渔民熟悉渔业生产的优势，支持发展水产养殖、水产品加工、渔事休闲体验等涉渔产业，增加就业空间；借鉴"千岛湖模式"，发展大水面增殖渔业，吸纳符合条件的退捕渔民参与。通过务工就业安置一批。对有劳动能力的退捕渔民，加强职业技能培训和职业介绍服务，引导龙头企业、农民合作社、电商平台等带动退捕渔民转产就业。对参加职业技能提升培训合格并取得相应证书的，按规定给予职业培训补贴和鉴定补贴；对吸纳退捕渔民的企业，按规定落实税收减免、创业担保贷款、一次性吸纳就业补贴等政策。通过支持创业安置一批。对退捕渔民首次创业且正常经营6个月以上的，按规定给予一次性创业补贴和带动就业补贴；对具备条件的退捕渔民，落实富民创业担保贷款及贴息政策；对开展职业指导、专场招聘等工作的就业创业服务机构，按规定给予就业创业服务补贴。通过公益性岗位安置一批。通过政府购买服务等方式，面向退捕渔民按程序开展定向招聘，统筹退捕安置和禁捕监管任务需求，引导退捕渔民参与巡查监督工作，工资标准不低于当地同类型公益性岗位水平。

2. 聚焦"应保尽保、应补尽补"，维护社保权益

退捕渔民社会保障参照《江苏省被征地农民社会保障办法》执行，社会保障补贴标准、补贴范围由苏州市人民政府制定。符合条件的退捕渔民按规定参加企业职工基本养老保险和职工基本医疗保险，鼓励灵活就业的退捕渔民自主选择参加企业职工基本养老保险和职工基本医疗保险，其他按规定参加城乡居民基本养老保险和城乡居民基本医疗保险。对退捕渔民中建档立卡未标注脱贫的低收入人口、低保对象、特困人员等困难群体，参加城乡居民基本医疗保险的参照困难群体参加城乡居民基本医疗保险政策，享受政府财政补助。进一步优化经办服务，确保符合参保条件的百分之百参保登记、百分之百参保缴费、百分之百落实社保待遇。

3. 聚焦"应救尽救、应助尽助"，保障基本生活

劳动年龄内、有劳动能力、有就业要求、处于失业状态的退捕渔民可在常住地进行失业登记。符合条件的，可按规定给予临时生活补助或临时救助。对共同生活的家庭成员人均收入低于当地最低生活保障标准且家庭财产符合当地规定的，按规定纳入最低生活保障范围。对无劳动能力、无生活来源、无法定赡养抚养义务人或者其法定义务人无履行义务能力的老年或残疾渔民，按规定纳入特困人员救助供养范围；符合医疗救助条件的，可按规定纳入医疗救助范围，发挥社会救助兜底保障作用。对符合条件的城镇就业退捕渔民，按照当地住房保障政策纳入住房保障范围。对居住危房的渔民，符合国家相关政策规定的，优先纳入危房改造范围。对未安置过的无房渔民，通过渔民上岸安置等各种方式做好住房保障。

（三）强化联合执法监管

1. 全面收集涉渔违法犯罪情报线索

针对涉渔违法犯罪规律特点，突出渔船渔民、"三无"船舶、水产市场、餐饮行业等重点，通过登船入户走访、数据比对筛查、情报研判导侦、在侦案件扩线等途径，深入排摸梳理各类案件线索，及时开展核查处置。开展暗查暗访，鼓励群众和媒体进行监督。

2. 坚决斩断非法捕捞、运输、销售的产业链

迅速开展打击长江流域非法捕捞专项整治行动，严厉打击非法捕捞违法犯罪行为，形成严打高压态势，坚决遏制非法捕捞。依法严厉打击"电毒炸""绝户网"等使用禁用工具或禁用方法的非法捕捞行为。对查处的非法捕捞案件深挖细查，追查其历次作业情况、非法渔具来源和渔获物去向，坚决打掉一批职业化、团伙化的非法捕捞违法犯罪网络，实现全流程

溯源、全链条打击。严肃查处非法捕捞渔具制售行为，聚焦生产厂家、电商平台、渔具销售店铺等市场主体，依法严厉打击制造和销售"电毒炸"工具、非法网具、禁用渔具及发布非法广告信息等违法行为，取缔电鱼器具等非法渔具制造黑窝点、黑作坊，对查获的非法制售捕捞渔具案件追查供货来源、销售渠道和其他涉案线索。严格禁止非法渔获物交易利用行为，聚焦水产品交易市场、涉渔餐饮场所等市场主体，依法严厉打击收购、加工、销售、利用非法渔获物等行为，禁止非法渔获物上市交易消费；加大对打着"长江野生"旗号的餐饮场所的检查监督力度，追溯来源渠道，对违法的进行严厉追责。集中清理整治"三无"船舶，完善移交处置流程，设立集中扣船点，依法进行没收、拆解、处置，并追查非法建（改）造的市场主体，通报船舶制造业行业管理部门。

3. 完善打击涉渔违法犯罪长效机制和多维惩戒机制

建立健全涉渔行政执法与刑事司法"两法衔接"长效机制，完善信息共享、情报互通等制度，完善涉渔犯罪案件移送标准、案卷规格和程序要求，依法从重从快处理一批典型案件。强化公安、渔政、交通、海事、水利、市场监管、林业等部门的协同联动，推动建立完善联合执法、联合办案、异地协查机制，建立有奖举报制度，健全非法渔获物、禁用工具和方法等违法犯罪证据鉴定体系。统一涉渔犯罪案件追诉标准、证据规格和裁判指引，建立疑难案件会商研究机制。完善渔业资源和水生生物鉴定及损害评估程序机制，依法追究违法犯罪行为人渔业资源及生态环境损害赔偿责任，探索实施行业禁入惩戒制度。完善渔业相关主体征信体系。

4. 全面加强水域智慧防控系统建设

以数据大整合、高共享、深应用为着力点，在长江渔业资源和3个水产种质资源保护区等重点区域，以及省市交界、码头渡口等重点部位布建监控点位，配置高清监控、高空瞭望、雷达、电子围栏和人脸识别等多维感知设备，立体采集船、人、物等涉水治安要素动态信息，努力实现水域船舶、船员及其轨迹一图展示、实名上图、动态溯源，不断提升长江水域智慧防控水平。

三、监督问效

（一）强化分工协作

各级各有关部门各司其职、密切协作、协调联动，凝聚强大合力，共同把禁捕退捕任务落到实处。农业农村部门做好渔船和渔民的实名调查摸底、信息录入、协议签订、渔船渔具收回处置等工作；农业农村部门牵头，会同江苏省太湖渔管办依法依规做好国家级水产种质资源保护区内捕捞渔船认定、捕捞证注销、提供非法捕具和渔获物鉴定意见等工作，会同江苏省太湖渔管办、公安部门完善涉渔犯罪案件移送标准、案卷规格和程序要求；财政部门牵头做好财政补助资金安排和审核拨付等工作；人力资源和社会保障、民政、医保等部门分别做好退捕渔民就业和社会保障、符合条件的退捕转产渔民低保和临时救助、医保等对象的筛查及政策落实等工作；公安部门负责退捕渔民户籍认定、打击涉渔违法犯罪行为等工作；交通运输、海事等部门做好长江交通秩序管理、整治"三无"船舶等工作；市场监管、商务部门负责对农（集）贸市场、水产品批发市场、餐饮服务单位等市场主体的监管，强化行业自律管理，堵住消费终端。其他各相关部门根据职责，共同抓好禁捕退捕各项工作任务的落实。

（二）强化责任落实

为全面落实"十年禁渔"各项措施，确保长江重点水域全面禁捕、退捕渔民生计得到保障、水生生物资源得到有效保护，市、市（区）联动狠抓落实，形成合力，各市（区）人民政府（管委会）应肩负起禁捕退捕和维护社会稳定主体责任，各部门应依据各自职能，履行好监管责任。

（三）强化督查问效

将长江流域禁捕退捕工作作为落实"共抓大保护、不搞大开发"的约束性任务，纳入地方政府绩效考核和河长制等目标任务考核体系。将督查与问效、问责贯穿禁捕退捕工作全过程，及时发现薄弱环节和突出问题，督促即知即改、立行立改；对禁捕退捕工作不力、责任落实不到位的进行约谈、通报，对造成严重后果、出现冲击社会道德底线事件或群体性事件的要追责问责，对违法违纪行为要依法依规坚决查处。

四、组织实施

（一）组建工作专班

为深入学习贯彻习近平总书记重要指示批示精神和韩正副总理等中央领导同志重要批示要求，切实加强长江流域禁捕退捕工作，保护水生生物资源，根据江苏省委、省政府及苏州市委、市政府系列部署要求，苏州市农业农村局成立了以局长为组长、分管局长为副组长的苏州市农业农村局长江流域禁捕退捕工作领导小组，领导小组下设办公室和禁捕、退捕、稳产三个工作专班，在领导小组的领导下开展工作。

领导小组办公室设在苏州市农业农村局渔业渔政处，负责领导小组的日常具体工作；禁捕工作专班牵头负责督促长江干流及国家级水产种质资源保护区所涉的阳澄湖、淀山湖、长漾湖等水域的渔政执法工作，配合江苏省太湖渔管办做好太湖渔政执法工作；退捕工作专班牵头负责指导督促捕捞渔船渔民调查摸底、建档立卡、捕捞证及船网具回收处置等工作落实；稳产工作专班牵头负责水产养殖技术指导，提供新技术，推广新模式，提升水产品品质及稳产能力。

（二）组织督察暗访

根据苏州市委、市政府主要领导批示，苏州市推进长江流域禁捕退捕工作领导小组办公室召集四个专项组牵头单位召开会议，由苏州市公安局、苏州市农业农村局、苏州市市场监督管理局、苏州市人力资源和社会保障局、苏州市交通运输局抽调人员组成工作组，采取"四不""两直"暗访模式，组织开展苏州市长江流域禁捕退捕督察暗访工作。主要督察沿江沿湖地区有无人员垂钓，有无下丝网、放地笼、电捕鱼等违法偷捕行为存在；沿江沿湖地区有无"三无"船舶存在。查看农贸市场和饭店是否有出售、贩卖、加工长江、淀山湖、长漾湖水产品，以及违规宣传的价目表、店招等问题。通过督察暗访，发现了禁捕退捕工作中的一些薄弱环节和问题隐患，具体表现为以下方面。

1. 违法垂钓现象仍未杜绝

在对沿长江、淀山湖保护区和长漾湖保护区的暗访中发现，在沿江、沿保护区岸边醒目位置都设置了禁渔、禁捕的标志或通告，未发现非法捕捞行为。但在对吴江区长漾湖的暗访中发现，长漾湖与太浦河交界处岸边有用可视锚等禁止方式垂钓的现象存在。

2. 疑似违法交易可能存在

两个暗访组在对农贸市场的暗访中发现，吴江区七都镇两家农贸市场有商贩声称售卖的水产品是太湖野生鱼。在对餐饮企业的暗访中发现，有两家饭店在遇到消费者主动提出吃江鲜需求时，存在服务人员口头介绍或者通过暗示等方式，告知消费者有野生江鲜或同等品质的江鲜出售的情况。在对渔具店的暗访中发现，常熟一家渔具店销售地笼网。

3. 针对经营主体的禁捕禁售宣传仍需加强

农贸市场的禁捕禁售宣传工作总体到位，被暗访的大部分农贸市场都在市场醒目位置张贴公告、悬挂宣传横幅，或通过电子屏幕滚动播放等方式进行宣传，营造了良好的禁捕禁售宣传氛围，大部分水产品经营者对禁售保护区内水产品的意识较强，但相关部门对餐饮企业、渔具店的宣传仍需加强。

4. 疑似"三无"船舶、废弃杂船清理不够彻底

在暗访中发现，太仓市浮桥镇沿江岸边、昆山市淀山湖保护区通湖河道、吴江区长漾湖保护区沿岸及太湖七都镇环湖路段均有疑似"三无"船舶和未及时清理的废弃杂船。

5. 栏网和围堰整治不够到位

在暗访中发现，昆山市淀山湖保护区内有一片未被清理的栏网；吴江区长漾湖保护区内存在泥土围堰影响湖区整体性的情况。

当前，苏州市已如期完成"退得出"突击性目标任务，但还面临着"稳得住"基础不够牢靠、"管得好"手段力量仍显不足、"禁得了"有待时间考验等现实困难与挑战。

（三）确保令行禁止

苏州市推进长江流域禁捕退捕工作领导小组办公室针对督察暗访中发现的情况，坚持问题导向，以"钉钉子"精神抓落实，确保苏州市委、市政府各项部署要求落实见效，坚决打好打赢长江"十年禁渔"持久战。

1. 紧盯立行立改求实效

开展不定期督查暗访和"回头看"，重点围绕"四无四清"、执法能力建设、市场和餐馆管控、跟踪帮扶、资金使用、政策宣传等方面，对发现的倾向性、苗头性和典型性问题，及时向属地反馈，紧盯不放，实施跟踪督导，压实整改责任，做到举一反三、立行立改，确保一个一个整改、一项一项落实，做到有一件改一件、改一件成一件，推动"四无四清"常态化、可持续。

2. 强化联勤联动严执法

统筹用好各方力量，加强对非法捕捞易发多发重点区域、重点时段及农贸市场、餐饮企业等重点主体业态的管控，以及"三无"船舶、非法渔具制售的整治。特别是清明节前后，"天价刀鱼"是媒体舆论的焦点、群众关注的热点，也是监管部门暗查暗访的重点，受高额利益诱惑和江鲜消费习惯驱动，不法分子铤而走险的风险隐患始终存在，需要加大线索摸排和联合巡查、联合打击的力度。着眼于人防与技防相结合，加快补齐渔政执法能力短板，提升执法效能。

3. 突出抓常抓长建机制

建立完善多部门参与的联席会议、会商督办、执法联动、信息共享等协作机制，强化行政执法与刑事司法衔接，落实落细网格化管理，结合河（湖）长制的责任落实，建立分层分级、全面覆盖、责任到人的精细管理机制，提升禁渔监管的协同性、联动性和整体性。

（四）开展百日攻坚

实施长江"十年禁渔"，是以习近平同志为核心的党中央为全局计、为子孙谋做出的重大决策，是"共抓大保护、不搞大开发"战略的标志性工程。做好打击非法捕捞工作，具有十分重大的意义。每年3月至5月是鱼类繁殖旺盛期，大量鱼类在此时繁衍生息，因此春季禁捕执法尤为重要。为贯彻落实禁捕要求，严厉打击非法捕捞，完善水域生态建设，结合渔业安全隐患排查、水生野生动物保护等工作，苏州市农业综合行政执法支队组织全市农业综合行政执法机构，每年开展全市禁捕执法春季百日攻坚行动。

1. 提高认识，健全队伍

各地在本级禁捕退捕工作领导小组的统一领导下，按照职责划分，继续推进禁捕退捕各项工作。大队领导高度重视、主动作为，把打击非法捕捞作为年度重点工作，带班一线执法，对禁捕水域、大江大湖、交界水域等重点地区加大执法巡查力度。切实落实江苏省委编委"六有"要求，强化渔政执法机构建设，加快配备渔政执法人员、船艇、装备，建设渔政执法协助巡护队伍，健全人防、技防、物防设施，全面提升信息化、智能化执法监管水平。

2. 突出重点，力求全面

行动期间各地合理安排工作，根据辖区特点进行摸排，有计划、有针对性地开展执法行动，确保重点水域力度不减、普通水域执法不松。重点打击电力捕鱼、张丝网、耥螺蛳等非法捕捞行为，持续开展涉渔"三无"

船舶和违规渔具渔法清理整治工作，及时排查渔业安全隐患。行动期间各地加大执法频次，加大处罚力度，按照违法捕捞查处率100%、涉刑案件移送率100%的工作要求，从严从重打击各类非法捕捞行为。

3. 强化打击，长效惩治

各地联合其他涉水部门，完善联席例会、信息共享、执法联动等协作机制，紧盯重点水域、重点环节、重点时段，加大执法频度，强化行刑衔接，坚决打击惩治有组织、成规模、链条化的非法捕捞犯罪团伙，始终保持非法捕捞高压严打态势。坚持"空地一体、水陆联动"的总体思路，加强水域统筹监管，建立多部门、跨区域的协同管理机制，将执法力量向一线倾斜，向水域面积大、非法捕捞多、管理任务重的板块倾斜，进一步增强长效打击惩治的工作合力。

4. 注重宣贯，引导正风

各地深入细致开展法治宣传教育，创新宣传方式，丰富宣传内容，扩大宣传覆盖面，注重以案释法，强化警示教育，提高社会公众对破坏水生生物行为的辨识能力和抵制意识，积极营造"水上不捕、市场不卖、餐馆不做、群众不吃"的良好氛围。积极主动向社会公布24小时应急值守值班电话，畅通举报渠道，推动健全有奖举报机制。高度重视舆情监测防控、非法捕捞隐患排查等工作，坚决防范由非法捕捞引发的舆情风险，避免发生影响社会稳定的群体性事件。

（五）实施重点打击

每年三四月份是长江刀鲚非法捕捞易发、高发时期，为有效防范和严厉打击非法捕捞行为，确保长江禁渔开局良好、秩序稳定，根据江苏省推进长江流域禁捕退捕工作领导小组办公室下发的《关于开展打击以长江刀鲚为重点的非法捕捞专项整治行动的通知》文件精神及苏州市政府领导批示要求，苏州市推进长江流域禁捕退捕工作领导小组办公室研究决定开展打击以长江刀鲚为重点的非法捕捞专项整治行动。

1. 加强组织领导，统筹协调推进

各地和有关部门充分认识专项行动的重要性，将专项行动作为当前一段时期内的重要执法任务，加强专项行动组织领导，制定具体实施方案，明确整治重点、阶段目标和保障措施。组织多部门联合执法，及时立案查处涉渔违法犯罪行为；加大对水产市场、农贸市场、商超餐饮等市场主体的监管，规范"海刀"销售行为，严厉打击违法收购、销售、利用长江刀鲚等非法捕捞渔获物行为；强化常态化执法监管，组织开展交叉、联合、驻守检查，严厉打击以长江刀鲚为重点的非法捕捞行为；加大港口码头、道路运输监管力度，重点加强对长江锚地运输船的监管，依法管控非法运输长江刀鲚等非法捕捞渔获物行为；加大舆论宣传引导工作，扩大专项行动宣传覆盖面和影响力，并强化舆情监测管控，及时消除不实报道和不良信息，营造长江禁捕的良好氛围。

2. 加强执法监管，从严从重打击

各地和有关部门按照严格责任、严厉执法、严肃整治、严密防控的要求，在确保"四清四无"的基础上，加大专项行动执法力度，紧盯省市交界、易发高发等重点水域和节假日、夜间等重要时段，加大执法日常巡查频度。从运输、销售、食用长江刀鲚等重点环节入手，加强市场主体监管，提升全链条打击质效。积极落实举报奖励制度，及时发现受理违法案件线索，提升专项行动针对性。强化行刑衔接力度，从严从快惩处长江刀鲚等的非法捕捞、运销犯罪行为，加大典型违法案件办理力度，提升专项执法行动影响力。

3. 加大普法宣传，营造整治氛围

各地和有关部门按照"谁执法谁普法"的要求，加强普法宣传，充分利用实施《长江保护法》的有利时机，宣传保护长江刀鲚等渔业资源的重要性和必要性，将执法办案与普法宣传有机结合，创新宣传方式，丰富宣传内容，扩大宣传覆盖面，注重以案释法，强化警示教育，营造"水上不捕、市场不卖、餐馆不做、群众不食"的良好社会氛围。

（六）确保禁捕成效

长江"十年禁渔"是党中央和国务院为全局计、为子孙谋的重大决策，苏州市委、市政府高度重视并积极推进。为有效防范和严厉打击非法捕捞行为，切实巩固和维护长江流域禁捕管理秩序，苏州市印发了《关于建立健全我市长江流域禁捕执法长效管理机制实施方案》，通过实行网格管理、强化行刑衔接、完善群防群控、建强执法队伍等，提升渔政监管能力，确保长江流域禁捕执法监管责任落实到位，确保长江"十年禁渔"令的执行取得扎实成效。

1. 实行网格管理，明确禁捕执法职责

按照全面覆盖、不留空白、边界清晰、便于管理的原则，以市、区行政区划为基本单元，建立长江流域禁捕执法管理网格，划定管理区、管理单位和责任主体，实行划片包干、定人定岗、定位定责，向社会公示并接受社会监督。对跨网格的水域要建立畅通上下游、左右岸、干支流的协同管理机制，构建纵向到边、横向到底、水陆结合、区域协同的禁捕执法新格局，实行共同管理、联合执法、联防联控。各地充分发挥基层群众自治组织协助监督作用，形成网格化禁捕管理合力。

2. 建强执法队伍，提升渔政监管能力

贯彻落实全省加强渔政执法队伍建设电视电话会议精神和江苏省委编委《关于加强沿江市县渔政监管执法机构编制配备的意见》有关要求，并按照长江岸线每1.5千米配备1名渔政执法人员，每个保护区配备3~5名协助巡护人员的基本要求，打造一支强有力的渔政铁军，增配一批智能化的执法装备，加大信息化投入，提升长江流域重点水域禁渔技防水平，实现有健全执法机构、有充足执法人员、有执法经费保障、有专业执法装备、有协助巡护队伍、有公开举报电话的"六有"目标。渔政、公安、水务、海事等部门加强资源共享，统筹长江流域重点水域岸线的视频监控系

统，增设监控点位和增添视频监控设备，全面增强长江流域重点水域禁捕技防能力。

3. 强化行刑衔接，加大禁捕执法力度

检察、农业农村、公安、市场监督等部门强化行刑衔接，推动健全非法捕捞和非法经营等犯罪案件立案追诉标准、证据固定和认（鉴）定、保全等工作程序，完善案件移送、案件通报、信息共享等工作规范，依法增强对有组织、成规模、链条化非法捕捞和市场加工销售非法渔获物行为的打击力度，严肃查处非法制造和销售禁用渔具及发布相关非法信息等违法行为，形成执法合力。为加强长江禁捕执法巡查力度，提高对偷捕线索的处置响应能力，渔政执法部门要主动将执法阵地前移，加强与公安部门的合作，构建"渔警亲密联动、行刑高效衔接"的长江禁渔执法监管新模式，在禁捕水域形成严厉打击非法捕捞的高压态势，增强打击非法捕捞的快速响应能力和综合协作能力。

4. 加强船舶管理，消除非法捕捞隐患

各地认真履行"三无"船舶清理整治主体责任，研究制定"三无"船舶长效管理办法和措施，形成清理整治"三无"船舶工作方案。进一步落实乡镇（街道）船舶属地管理职责，将乡镇自用船舶登记备案，确定航区用途，统一编制船名、船号标识，并明确要求不得从事非法捕捞、运输、销售天然渔业资源等。地方政府将登记备案的船舶信息通报所在地的公安、农业农村、交通运输等部门。各地各部门按照任务分工，加大"三无"船舶和大马力快艇整治力度，依法查处在禁捕水域停泊、航行及从事非法涉渔活动的"三无"船舶。对长期闲置、无人管理、所有人不明的船舶，地方政府依法履行公告程序，会同相关部门进行分类处置。

5. 完善群防群控，建立协助巡护队伍

各地高度重视舆情监测防控、非法捕捞隐患排查等工作，及时化解矛盾纠纷，避免发生影响社会稳定的群体性事件和恶性事件。畅通举报渠道，按照苏州市农业农村局、苏州市公安局发布的《苏州市长江流域重点水域非法捕捞线索举报奖励通告》落实奖励资金，进一步健全有奖举报机制。鼓励行业协会、公益组织、志愿者服务队伍等积极参与，对违反长江流域禁捕管理规定及其他破坏水域生态环境的行为进行监督、制止和举报。结合执法监管实际需求和退捕渔民安置工作，适当吸收符合条件的退捕渔民协助开展渔政巡护，配合渔政执法人员从事宣传教育、巡航巡查、信息收集、违法行为劝阻等辅助性事务。

6. 实行重点管控，强化执法监督检查

紧盯关键时间节点和长江干流、水生生物保护区等重点水域，深化专项打击整治，规范天然水域休闲垂钓管理，推动长江野生江鲜禁售禁食。健全网格化执法管理体系，着力提升执法监管能力，夯实"十年禁渔"日常执法监管能力基础，确保有力量、有手段、管得住、管得好。适时联合发布一批典型案例，曝光违法犯罪行为，切实达到"查办一起、震慑一片"的效果。

（七）提高禁捕效率

为适应长江流域禁捕执法监管需要，必须统筹用好各方资源，健全长效管理机制，构建责任明确、能力匹配、运行高效、监管有力的执法管理格局，推动禁捕执法监管关口向一线前移、触角向下延伸，形成水上打、陆上管、市场查的禁捕执法监管合力，为巩固长江流域禁捕管理秩序、落实共抓长江大保护战略、推动长江经济带绿色发展提供有力保障。

1. 提高思想认识，压紧压实各方责任

各地必须健全工作机制，落实政府主体责任，统筹用好各方资源，加强执法能力建设，强化全面禁捕执法监管。进一步强化禁捕工作领导小组，完善长效机制，保持工作稳定，把"十年禁渔"抓实、抓细、抓到位。各级农业农村、公安、交通运输、市场监管等部门必须进一步完善联席会议、会商督办、执法联动、信息共享等协作机制，形成执法监管合力，强化监督检查，确保"十年禁渔"令落实落地。

2. 强化支撑保障，加强督导考核激励

各地将长江流域禁捕执法管理经费纳入本级财政预算，加强对渔政装备设施和执法能力建设的投入保障。落实协助巡护队伍人员工资福利待遇和劳动保障，维护执法人员合法权益。将长江"十年禁渔"纳入各级地方政府绩效、河（湖）长制等相关考核体系和督查激励措施，实行科学合理、公平公正的激励约束机制，对禁捕工作绩效突出的部门和人员按照国家有关规定予以表彰奖励，对乱作为、慢作为、不作为等行政违法行为进行追责问责。

3. 注重宣传引导，营造良好社会氛围

各地深入细致开展法治宣传教育，坚持正确舆论导向，引导党员干部、行业协会、公益组织、新闻媒体等发挥积极作用，倡导饮食文化新风尚，营造"水上不捕、市场不卖、餐馆不做、群众不食"长江野生鱼的良好氛围。按照"谁执法、谁普法"的责任制要求，创新宣传方式，丰富宣传内容，扩大宣传覆盖面，注重以案释法，强化警示教育，提高社会公众对各类破坏水生生物与水域生态行为的辨识能力和抵制意识。

（八）严肃追责问责

长江"十年禁渔"是党中央、国务院为全局计、为子孙谋的重大决策，做好长江"十年禁渔"工作是一项政治任务，苏州市纪委加大督察巡察力度，对落实上级禁捕退捕工作决策部署不力，未正确履行职责，在工作中存在形式主义、官僚主义现象等进行严肃查处和通报。2021 年 3 月 31 日，中共苏州市纪委通报了一起相关人员因落实上级禁捕退捕工作决策部署不力，未正确履行职责，导致多艘渔船没有及时入港移交，造成退捕禁捕工作进程迟缓等不良影响，受到政务警告处分的案例。

五、探索实践

长江"十年禁渔"执法监管工作是苏州市农业综合行政执法机构业务工作的重中之重。近年来，苏州市以阳澄湖管理模式为模板，不断推进全市人防和技防相结合，完善水域整体防控建设，提高水域防控能力，促进长江禁捕治理体系治理能力现代化，确保"十年禁渔"令掷地有声。

（一）先期经验摸索

阳澄湖是江苏省重要淡水湖泊之一，是苏州市重要的饮用水源地和战略备用饮用水源地，内设中华绒螯蟹国家级水产种质资源保护区，由苏州市农业综合行政执法支队（以下简作"支队"）直接承担湖区日常渔政监督执法工作。在阳澄湖禁捕管理改革实践中，支队不断探索长效管理机制，立足全局设计，创新管理思路、转变管理模式、细化管理举措，在推进全市禁捕退捕工作的基础上，打造阳澄湖执法工作样板，争取探索出长江"十年禁渔"的苏州模式，提供可复制、可操作、可推广的实践经验。

1. 监管模式升级

支队始终坚持水岸同治的工作思路，压实属地政府的主体责任，主动走访调研沿湖乡镇，健全沿湖网格化管理制度，打破以往阳澄湖渔政在湖区单打独斗的执法模式，统筹地方政府资源，加强湖区码头、船舶集中停泊点管理，加大"三无"船舶的整治力度。建立通报制度，及时将相关案件信息通报辖区政府，坚持抓早抓小、预防在先。布局"互联网+统一指挥+综合执法"的智慧监管模式，敦促沿湖地方政府在湖区主要出入湖港口安装高清视频监控探头，接入智慧监管平台，建立阳澄湖出入湖港口联防体系。建立紧密型联动联控机制，与沿湖公安、交通、综合执法等部门开展联合专项执法，强化执法协作，探索建立线索转递、信息互通、资源共享、联合办案等长效执法机制，推进"两法衔接"工作。

2. 资源养护拓宽

为保护好阳澄湖水源水质和渔业生态环境，苏州市政府先后三次对阳澄湖进行大规模的网围养殖综合整治，湖区规划网围养殖生产面积由原先的14.2万亩压缩至1.6万亩。支队多年来持续开展保护区及湖区的非法捕捞专项执法，打击各类违法捕捞行为。通过政府采购模式，组织专业清理队伍，常态化开展违规渔具专项清理。开展渔业增殖放流，邀请公证处对放流全过程进行监督；建立生态补偿资源放流机制，修复非法捕捞造成的渔业生态损失，拓展宣传阵地，保护阳澄湖的渔业资源和生态平衡。

3. 管理方式创新

2021年以前的三年，阳澄湖湖区案发率一直居高不下，平均每年行政处罚案件数量超过200起，罚款金额也逐年增大，但是行政处罚案件的加重处罚没有明显遏制湖区违法案件高发的态势。自禁捕工作开展以来，支队抓好落实阳澄湖水域的禁捕执法管理工作，转变以往对湖区的管理思路，加强部门协作，强化联合执法，对大案要案，敢于碰硬、坚决查处，做到"查办一起、震慑一片"，非法捕捞形势得到有效遏制，案件数量显著减少。对比前三年同期数据，2021年行政处罚案件数量只有60起，案件数下降幅度达72.1%。

4. 衔接机制健全

支队不断深化部门联动，建立健全行刑衔接机制，针对湖区高发的偷捕螺蛳案件，完善证据固定，依法移交司法机关处置，提高惩处力度，做到精准打击。工作措施的成效不仅仅体现在行政处罚案件的数量和种类上，更体现在大案要案上。2018年、2019年两年均没有移交案件，2020年向司法机关移交涉刑案件5起，至2021年"两法"衔接机制更加成熟后，做到了非法捕捞案件查处率100%，非法捕捞涉刑案件移送率100%。

（二）苏州市的主要工作做法

1. 清除隐患，巩固退捕成效

2020年苏州市经建档立卡，共锁定长江干流苏州段、6个国家级水产种质资源保护区及所涉湖泊其他水域退捕渔船5077艘、退捕渔民9839人。退捕渔船完成率、退捕协议签订率、捕捞许可证注销率、船网工具分类处置率、退捕渔民社保参保率和退捕渔民就业率均达100%，退捕渔船有序处理拆解，捕捞工具全部集中销毁，捕捞生产全面按时退出，实现了"四清四无"的工作目标。2021年4月，苏州市顺利通过江苏省推进长江流域禁捕退捕工作领导小组办公室的考核验收，获得了全省第二名的优秀成绩。2022年以来，苏州市持续做好"十省百县千户"长江退捕渔民跟踪调研、长江流域禁捕退捕落实情况审计问题整改、长江流域重点水域"四清四无"回头看、禁捕执法月报等工作。

2. 务实务精，细化长效机制

按照部、省禁捕退捕工作领导小组的要求，苏州市进一步强化组织领导，设立"一办四组"及工作专班架构，按照职能划分，统筹推进各项禁捕退捕工作。苏州市禁捕办先后发布《关于印发〈建立健全我市长江流域禁捕执法长效管理机制实施方案〉的通知》（苏市禁捕办〔2021〕10号）、《关于转发省领导小组办公室〈关于做好我省长江流域重点水域"四清四无"回头看专项行动的通知〉的通知》（苏市禁捕办〔2021〕23号）等文件，苏州市农业农村局、苏州市公安局、苏州市财政局联合制定《苏州市长江流域重点水域非法捕捞线索举报奖励制度》，统筹用好各方资源，细化条线工作方案，加大禁捕执法力度，切实健全长效管理机制，确保"十年禁渔"工作取得实效。

3. 重拳出击，强化执法惩治

近年来，为切实加强长江"十年禁渔"工作，有效防范和严厉打击非法捕捞行为，结合中国渔政"亮剑2021"、禁捕执法春季"百日攻坚"、长江刀鲚专项整治等系列行动，苏州市相关部门严格责任、严厉执法、严肃整治、严密防控，紧盯捕捞、运输、销售重要环节，针对保护区、跨界和案件多发地区等重点水域，以及节假日、夜间等重要时段，加大执法日常巡查频度，开展跨部门、跨区域联合执法行动，提升禁捕执法成效，保持高压严打态势，健全长江流域禁捕水域网格化管理体系，逐步构建纵向到底、横向到边、水陆联动、区域协同的禁捕执法新格局，以更高的站位、更坚定的决心、更严厉的措施，为保护长江母亲河做出应有的贡献。

4. 应急演练，筑牢禁捕防线

通过开展渔业突发事件的应急处置演练，模拟阳澄湖湖区日常巡查、检查过程中可能遇到的突发情况，提高农业执法机构与公安、交通等部门的协作配合水平，进一步增强渔政执法人员对渔业的应急处置实战能力，为打赢长江"十年禁渔"持久战筑牢防线。同时通过展示渔业执法过程，进行宣传警示教育，进一步提高养殖生产者的安全意识，遵守安全操作规程，预防渔业事故的发生。

5. 开源节流，养护渔业资源

苏州市加强长江禁捕后水生生物资源监测和效果评估工作，与中国水产科学研究院淡水渔业研究中心共建农业农村部长江渔业资源环境科学观测实验站常熟监测站，推动苏州市长江流域水生生物资源养护工作迈上新台阶。监测初步结果显示，2020 年长江干流渔获物种数同比增加 14 种，常规经济鱼类平均体长、平均体重分别增长 13.13% 和 60.88%，基于数量、重量的资源密度分别增加 12% 和 47.45%。2021 年 6 月上旬，全市开展全国"放鱼日"同步增殖放流活动，共放流鲢鳙（夏花）、鳜、银鲴、中华绒螯蟹等各类苗种 1255.8 万尾。2022 年以来，市本级分别开展阳澄湖春季、秋季水生生物资源增殖放流活动，放流中华绒螯蟹 5.7 万只、鲢鳙（夏花）2000 万尾、螺蛳 100 吨。

（三）苏州模式的建立与实践

1. "阳澄湖首善之区"的建立

（1）强化党建引领，发挥战斗堡垒作用

坚持党建和禁捕执法工作一起谋划、一起部署、一起落实、一起检查，以创新工作思路、压实属地责任，多种手段并用、压缩违法案件，开展专项整治、压紧职责担当等三个方面为切入点，创建攻关型党支部，打造"党建铸魂·苏剑护农"党建品牌（图4-1）。

图 4-1　苏州市市级机关"海棠花红"优秀党建品牌

（2）加强能力建设，提升水域防控能力

借助农业综合执法改革，充实基层一线渔政执法力量；成立地方水岸巡湖协管队，配合湖区渔政执法；积极发动群众参与渔政执法监督和举报，集纳长江禁渔的民力；建立阳澄湖禁捕应急队伍，制定了《阳澄湖禁捕突发事件应急处置预案》，精准应对处置阳澄湖禁捕突发事件。加强执法装备建设，参照农业农村部渔政执法装备配备指导标准，结合阳澄湖渔政执法实践需求，采购执法防护装备，配备无人机、船载夜视仪、夜视望远镜等电子信息执法装备；在重点水域规划应用雷达光电系统、电子围栏等现代信息技术，提升阳澄湖禁捕渔政执法信息化监管水平，依靠科学技术提升预警性执法能力，做到执法全过程留痕和可回溯管理。

（3）完善体系建设，构建群防群治防线

转变湖区管理模式，全面压实属地责任，加强湖区码头、船舶集中停泊点管理，加大辖区内"三无"船舶的整治力度，共同推进阳澄湖禁捕执法工作。统筹沿湖各方资源，建立网格化管理机制，按照属地负责、行业主管的原则，厘清工作职能，健全工作机制，提升协同效能。完善联合执法体系，健全应急值守、有奖举报和渔政执法快速反应机制。加强跨部门联合执法，推动形成"岸上管、港口堵、水上打"监管合力；推动"两法"衔接工作，做到有案必录、够罪必移，构建湖区综合执法管理体系，有效遏制各类非法捕捞行为。营造长江"十年禁渔"的社会氛围，拓宽宣传渠道，以舆论宣传引导推动湖区普法。定期走进村、社区开展交流活动，用典型案件结合禁捕工作的政策、法规，以案说法，以案释法，推动群众共同参与、共同监督，营造"不想捕、不能捕、不敢捕"的禁捕氛围。

2. 基层党建"书记项目"的实施

（1）深化攻关支部创建，完善禁捕长效机制

结合苏州市禁捕办《建立健全我市长江流域禁捕执法长效管理机制实施方案》《进一步强化长江流域重点水域网格化管理工作的通知》，以长江"十年禁渔"政治任务为重点，深化攻关型党支部的创建，在中国渔政"亮剑2022"、长江流域禁捕执法春季"百日攻坚"等系列专项执法行动中，充分发挥党组织战斗堡垒作用，做到支部筑在一线、党员冲在一线。在长江流域重点水域设立党员执法岗，号召党员干部在长江"十年禁渔"工作中主动担当、迎难而上，以党员的示范带动作用，不断提升执法成效（图4-2）。严格落实禁捕水域网格化管理直接责任，推动形成上下贯通、层层监督的禁渔管理新格局，切实打通禁渔监管"最后一公里"，维护长江流域水生生物资源和生态环境安全。

图 4-2　党员干部在长江"十年禁渔"工作中主动担当、迎难而上

（2）构建部门党建联盟，凝聚执法监管合力

进一步完善部门间长效联勤联动协作机制，以政治建设为统领，聚力服务长江禁捕中心工作，用好党支部、党小组等平台，加强系统内事业单位党组织的联盟和系统外部公安、交通、市场监管等部门党组织的共建，通过互联互动，实现执法力量协同作战、上下游协调联动、行刑深度协作，构建联勤联动、联防联控的合作机制，加大从水里到餐桌的全链条监管，打造共建、共治、共享的禁捕执法新格局（图4-3）。同时结合禁捕工作实际，深入挖掘典型案例，重拳打击团伙作案等大案要案，用法治力量震慑非法捕捞。

图 4-3　构建部门党建联盟，凝聚执法监管合力

（3）党员先锋示范引领，创新普法宣传形式

充分发挥舆论导向作用，组织党员志愿服务队伍开展线上线下相结合的禁渔普法宣传（图 4-4）。巩固线下宣传阵地，做好宣传横幅、宣传牌、公告牌、宣传长廊的更新管护，结合长江禁捕宣传工作，大力开展普法宣传进校区、社区、渔区、厂区等主题党日活动，通过发放宣传册、现场解答咨询等形式宣传《长江保护法》《渔业法》等长江"十年禁渔"相关法律法规。开拓线上宣传阵地，依托"报台网端微"融媒体平台，大力推广典型案例、制作普法宣传视频，通过现身说法、以案释法，强化社会舆论监督。通过拓宽线上线下宣传渠道，全力做好长江禁捕普法宣传工作，营造"水上不捕、市场不卖、餐馆不做、群众不食"的良好社会氛围。

图 4-4　党员志愿服务队伍开展线上线下相结合的禁渔普法宣传

（4）发挥项目带动作用，激发参与单位活力

以基层党建"书记项目"为引领，带动苏州市海洋渔业指导站参与长江"十年禁渔"工作，具体是由苏州市农业综合行政执法支队以选派"第一书记"的方式，组织指导苏州市海洋渔业指导站参与长江"十年禁渔"相关工作。根据《省农业农村厅开展我省"十年禁渔"常态化督导工作方案》有关要求，按照市级督导、板块落实、暗访为主、问题导向的工作原则，组织苏州市海洋渔业指导站配合开展明察暗访、联合检查行动，及时发现并解决长江"十年禁渔"工作中存在的问题，不断压实属地监管责任，健全网格管理机制，拓宽举报反馈途径，扩大政策宣贯渠道，强化综合监管效能，确保"禁渔令"落实落地（图4-5）。同时，不断激发苏州市海洋渔业指导站的工作活力，带动其全面建设稳步提升。

图 4-5　"长江禁捕"行动支部在行动

3. 执法能力、执法体系的健全

（1）首重人防，夯实队伍根基

苏州市委、市政府高度重视长江"十年禁渔"工作，全市已建立了"市级有支队、县级有大队、镇级有机构"的市、区、镇三级贯通的农业综合行政执法队伍，初步构建起了权责清晰、上下贯通、指挥顺畅、运行高效、保障有力的农业综合行政执法体系，为加快建立一支"政治信念坚定、业务技能娴熟、执法行为规范、人民群众满意"的农业综合行政执法队伍打下了坚实的基础（图 4-6）。市本级、沿江三市农业综合行政执法机构增挂渔政监督牌子，增加"十年禁渔"分管领导职数，招聘人员组建巡护队伍，组织 100 余名执法人员参加并全部通过了江苏省长江渔政执法人员执法资格考试。

图 4-6　苏州市举办长江禁捕治理体系和治理能力培训班

（2）强化技防，提升监管质效

对照农业农村部渔政执法装备配备指导标准，配备高清视频监控、无人机、夜视望远镜等监管设施，实现长江流域重点水域全面覆盖、全天监管（图 4-7）。禁捕水域通过与技术服务公司租赁/代建设备、"租赁高点+设备"、建设系统平台等方式，已设置视频监控点 50 个，总投资 279.54 万元；下一步计划新建视频监控点 138 个、雷达监控点 4 个，预计投入 1165万余元。沿江三市新增执法船 2 艘、趸船码头 1 个、执法快艇 4 艘、无人机站 4 处、无人机 3 架、执法取证设备 17 台，"十四五"期间计划购置和修建执法船艇 9 艘、趸船 3 艘、执法基地 1 座、无人机 5 架。

图 4-7 强化技防，提升监管质效

（3）完善联防，协作共建共赢

苏州市与南通、泰州、无锡签订了《苏通泰锡长江禁捕执法协作共管协议》（图 4-8），加强省内联勤联动，补齐交界水域执法短板，逐项有序消除非法捕捞隐患和顽疾。苏州市农业综合行政执法支队持续推进长三角一体化，赴上海市农业农村委执法总队考察学习，签订沪苏农业综合行政执法一体化合作框架协议；支队与姑苏分局水警大队、苏州市交通运输综合行政执法支队、姑苏区综合行政执法局共建协作；太仓市、昆山市、吴江区分别与上海市崇明区、青浦区，浙江省嘉善县等有关部门签署合作备忘录。

图 4-8　《苏通泰锡长江禁捕执法协作共管协议》签约仪式

（4）共筑群防，筑牢禁捕战线

苏州市禁捕办和苏州市河长办联合推进利用河（湖）长制细化禁捕水域网格化管理，按照"全面覆盖、不留空白"的原则，构建市、县、镇、村四级监管体系。沿江三市按照长江干流每 1.5 千米岸线配备 1 名渔政执法人员的标准，调剂 39 名沿江乡镇（街道）事业编制人员从事禁捕工作；重点水域已配备协助巡护人员 253 人。苏州市农业综合行政执法支队在《苏州日报》开设禁捕专栏，举办长江"十年禁渔"进校园科普讲座（图 4-9）；张家港市在"今日张家港"App 开设农业综合执法专栏；常熟市通过春来茶馆《三农释法》栏目播放禁捕典型案例；张家港市、太仓市编排禁捕情景剧宣传禁捕；昆山市组织拍摄"长江禁捕"主题微电影，开展禁捕线上有奖问答活动、定投微信朋友圈公益广告，宣传覆盖超 100 万人次；昆山市、吴江区摄制禁捕专题公益片宣传禁捕。

图4-9 举办长江"十年禁渔"进校园科普讲座

4. 智慧执法指挥系统的建设

（1）探索智慧监管，转变执法模式

围绕苏州市推进智慧农业国家级试点工作和率先基本实现农业农村现代化三年行动计划，积极探索苏州市长江禁捕渔政执法智慧监管新模式，加快建成以智能指挥为技术核心，辅以实时监控、智慧执法、数据储存展示等功能的高标准智慧农业执法指挥平台和现场指挥中心。通过对渔政监管等农业执法工作领域的全程跟踪和动态监管，建立"早预警、早发现、早报告、早制止、早查处"的"五早"快速反应机制，对全市农业执法巡查人员进行有效监管和调度；通过落实监管任务和责任，实现长江流域重点水域和阳澄湖区域的监管、预警、处理信息功能无缝对接，探索智慧渔政监管，切实服务于长江"十年禁渔"目标任务。

（2）落实智慧手段，提档执法效能

聚焦长江"十年禁渔"，对接长江干流苏州段及阳澄湖、长漾湖、淀山湖水域渔政执法监管数据，以长江流域重点水域立体防控为核心，汇集高清视频监控、高空雷达云台、无线定位终端等实时数据，搭建包含人、艇、物数据的全链条监管平台，充分运用大数据、云计算等新技术手段，将行政执法监管从事中、事后为主转移到事前为主，化被动为主动，促进执法监管规范化、精准化、智能化，不断提升监管效能，密织长江禁渔"天罗地网"（图4-10）。

图4-10　智慧执法系统建设研讨会

（3）"人防""技防"并重，壮大执法力量

增强"人防"水准，继续加强农业综合行政执法人员培训，强化法治意识，规范执法行为，提升执法能力，并筹备组建一支规模适度、架构合理的渔政协助巡护队伍。提升"技防"水平，对现有的执法装备设施提档升级，进一步加强监管设施和执法装备建设，对照农业农村部印发的渔政执法装备配备指导标准，配备高清视频监控探头、无人机、热成像仪、夜视望远镜等装备，以及水域监管雷达、渔船GPS定位等设施，以完备的技术支撑和设备设施保障，切实打造现代化、数字化、智能化农业治理监管体系，实现农业综合行政执法全天候、全方位、全覆盖式监管。

5. 长江"十年禁渔"人才的储备

（1）阳澄湖地区"三无"船舶专项清理整治行动专班陆上督查组成员储备

支队力推，让愿担当、肯干事的人有机会。支队鼓励符合条件、愿意到长江禁捕"三无"船舶专项清理整治一线历练的干部职工主动报名。支队将结合报名情况，按照规定程序，公开确定阳澄湖地区"三无"船舶专项清理整治行动专班陆上督查组成员储备，推动支队"提振作风效能"（图4-11）。

图4-11　加强长江"十年禁渔"人才储备

（2）阳澄湖地区"三无"船舶专项清理整治行动专班陆上督查组成员选派

支队改革的过程就是自我完善、自我发展的过程，通过机制保障、体制激发来确保支队富有生机和活力，是支队自我革命的需求。支队力推，让敢担当、会干事的人有舞台。支队将根据苏州阳澄湖禁捕工作的实际变化趋势，动态调整阳澄湖地区"三无"船舶专项清理整治行动专班陆上督查组成员数量，全方位推进学习工作化、工作学习化、协作制度化，推动支队更多优秀干部一岗多能、综合融合执法，推动支队"激发担当作为"。

（3）阳澄湖地区"三无"船舶专项清理整治行动专班陆上督查组成员培养

支队将坚持岗前培训与定期轮训相结合，制订长江禁捕治理体系和治理能力培训计划，举办相应培训班。支队将通过领导核查与实地督导相结合的方式，加强阳澄湖地区"三无"船舶专项清理整治行动专班陆上督查组成员履职情况的监督检查。

（四）制度的建设与完善

1. 阳澄湖禁捕突发事件应急处置预案

根据江苏省委、省政府与苏州市委、市政府对苏州市长江流域禁渔工作的决策部署，苏州市农业综合行政执法支队紧盯目标任务，综合施策，全面推进阳澄湖湖区禁渔工作。为确保禁捕工作落到实处，及时防范和解决非法捕捞高发期阳澄湖各大队可能存在执法人员人手短缺的突发情况，制定了阳澄湖禁捕突发事件应急处置预案（图4-12）。

图4-12　阳澄湖渔业突发事件应急处置演练

（1）工作原则

在苏州市农业综合行政执法支队的统一领导和指挥下，按照"统筹协调、指挥通畅、运转高效"的要求，规范禁捕突发事件应急处置程序，提高应急处置能力，保障阳澄湖禁捕工作责任不缺位、执法不断档。

（2）职能架构

苏州市农业综合行政执法支队成立阳澄湖禁捕突发事件应急处置工作小组，组长由支队队长兼任，分管副支队长兼任副组长，支队办公室，财务科，执法协调科，法制监督科，综合三大队，阳澄湖一、二、三大队负责人为工作小组成员。工作小组下设阳澄湖禁捕应急处置一、二分队。

（3）处置流程

如阳澄湖湖区出现非法捕捞现象异常猖獗、湖区执法力量被牵制、执法人员超负荷运转等情形，支队从事件发生、应急响应、响应措施、事件升级、升级措施、应急终止、事后处置等七个环节具体安排力量集中处置禁捕突发事件。

（4）应急保障

从制度保障、通信保障、队伍保障、物资保障等四个方面，将阳澄湖禁捕工作列入重要议事日程，同时加强应急处置知识培训，让参与应急处置的人员熟悉应急处置的程序、方法和注意要点，增强应急处置各分队及人员之间的协调能力。

2. 阳澄湖区域"四清四无"专项整治实施方案

为严格落实长江"十年禁渔"工作任务，以"禁得住、管得好"为目标，突出问题导向，强化源头治理，对非法捕捞始终保持高压严打态势，突出抓好阳澄湖区域非法捕捞整治，使易发、多发的非法捕捞态势得到有效控制，确保禁捕执法监管责任落实到位（图4-13）。

图 4-13　在阳澄湖区域实施"四清四无"专项整治

（1）工作内容

① 排查"四清四无"。对出入阳澄湖的 141 条河道逐条进行排查，检查是否存在"三无"船舶、渔具网具、捕捞行为及人员，重点检查日常巡查难以抵达的河道、河汊和河湾。

② 查处违法行为。对发现的违法行为依法立案查处，对发现的涉刑案件及时依法移送公安机关查处。

③ 宣传发动引导。通过现场宣讲、发放宣传资料、张贴公告等形式，广泛普及禁捕政策，扎实营造群防群控的良好氛围。

（2）工作要求

① 提高思想认识。进一步提高政治站位，强化组织领导，切实抓牢、抓细、抓实，将工作责任放在心上，扛在肩上，克服畏难情绪和松懈心态，围绕"四清四无"的工作目标全力推进，确保禁捕工作行稳致远。

② 严格执法监管。对排查问题要认真对待、分类处理。对一般性问题要及时整治，并开展经常性"回头看"；对顽固性问题要将其列入重点问

题清单，加大执法和打击力度，降低管控风险，消除隐患；对重大问题要及时上报、统筹解决。

③ 密切沟通协调。积极与公安部门协调联动，建立联合执法机制，形成监管合力和工作闭环。同时，深挖细查各类违法捕捞活动线索，排查源头，压实属地政府监管责任。

④ 强化行动保障。选派精干力量参加行动，每个专项检查组不得少于两名执法人员。做好照片、视频等执法证据的固定、收集和整理，执法装备保障工作由阳澄湖大队提供。

⑤ 注重安全管理。行动期间，执法人员应保持通信畅通，做好执法艇、执法车辆的安全驾驶，避免发生负面事件。

（3）工作方式

① 人员组织。阳澄湖区域"四清四无"专项整治工作共设置 10 个专项检查组，由执法协调科、法制监督科、综合三大队和阳澄湖一、二、三大队 7 个中队抽调人员组成。每个专项检查组至少保证 3 人，即至少有 2 名执法人员和 1 名执法辅助人员。

② 检查形式。以出入阳澄湖河道为单位，全面拉网式排查、清理，每个专项检查组摸排 14 条河道（其中 1 个专项检查组摸排 15 条），上午、下午各摸排 1~2 条，形成排查记录和台账。

3. 阳澄湖区域"四区五管"执法监管工作法

为了进一步做好阳澄湖区域执法监管工作，持续推动农业综合行政执法治理体系和治理能力现代化，支队制定了阳澄湖区域"四区五管"执法监管工作法。

（1）目标确定

长期目标是推进支队长江"十年禁渔"治理体系和治理能力现代化；当下目标是将阳澄湖区域建设成长江"十年禁渔"首善之湖。

（2）氛围营造

整合轨交、平面主流、省部级媒体、H5 媒介业态，通过微信微场景、新媒体多形态和年度阳澄湖大闸蟹开捕节，营造阳澄湖区域"湖岸不敢、村民不愿、渔民不想"非法捕捞的氛围。

（3）趋势分析

分析上季阳澄湖各时段和各区域非法捕捞方法、非法捕捞规模、非法捕捞人或船的来源、投诉举报频发区域，每季形成总量分析报告，并施用于当下的执法监管实践。

（4）重点监管

根据趋势分析，对涉渔案件高发区（西湖湾生态体育公园水岸）、非法捕捞多发区（重元寺风景连片水域）、投诉举报频发区（阳澄西湖北侧水域）、禁捕养护核心区（阳澄湖中华绒螯蟹国家级种质资源保护区）实施重点监管。

（5）监管方式

以 4 天为周期，开展"亮剑"集中整治。每次"亮剑"集中整治，集中空、地、湖"三位一体"执法装备齐出 5 台次，包括但不限于执法突击艇、空中搜查定位机、支援保障车，以执法规模形成执法震慑。

（6）监管内容

执法监管五必管：一必管湖岸"四清四无"；二必管湖区渔业生态环境；三必管湖区绿色养殖方式；四必管渔民非法捕捞行为；五必管涉渔"三无"船舶。

4. 行政处罚执法文书制作"四一致"工作法

为进一步规范行政执法工作和行政处罚执法文书的制作，切实推动农业综合执法治理体系和治理能力现代化，支队制定了《农业行政处罚执法文书制作"四一致"工作法》，并举办了执法文书制作技能竞赛（图4-14）。

图 4-14　举办苏州市农业综合行政执法支队执法文书制作技能竞赛

（1）涉案物品种类一致

在实施行政处罚的整个过程中，涉案物品种类会先后在现场检查笔录、询问笔录、证据先行登记保存清单、物品处理通知书、案件处理意见书、行政处罚事先告知书、行政处罚决定审批表、行政处罚决定书、罚没物资专用收据、结案报告等文书材料中出现，必须保持一致。

（2）涉案物品数量一致

在实施行政处罚的整个过程中，涉案物品数量会先后在现场检查笔录、询问笔录、证据先行登记保存清单、物品处理通知书、案件处理意见书、行政处罚事先告知书、行政处罚决定审批表、行政处罚决定书、罚没物资专用收据、结案报告等文书材料中出现，必须保持一致。

（3）办案环节节点一致

在实施行政处罚的整个过程中，办案环节时限会先后在现场检查笔录、询问笔录、证据先行登记保存清单、物品处理通知书、案件处理意见书、行政处罚事先告知书、行政处罚决定审批表、行政处罚决定书、罚没物资专用收据、结案报告等文书材料中出现，必须保持办案环节节点有序。

（4）行政处罚标准一致

在实施行政处罚的过程中，渔业行政处罚执行支队制定的《渔业行政处罚一般裁量层级自由裁量基准》与其他行政处罚执行支队制定的《自由裁量权规范》行政处罚标准一致。

5. 渔业行政处罚一般裁量层级自由裁量基准

为规范渔业行政执法行为，保障苏州市农业综合行政执法支队执法队员合法、合理、适当地行使行政处罚自由裁量权，实现无差别执法，推进支队综合行政执法治理体系和治理能力现代化，支队根据《中华人民共和国行政处罚法》《渔业行政处罚规定》《江苏省渔业行政处罚自由裁量适用规则（试行）》等相关规定，制定了《渔业行政处罚一般裁量层级自由裁量基准》（以下简作《基准》）。

（1）违法行为的划分

渔业违法行为通常划分为"一般""严重（较重）""特别严重"三个裁量层级。

（2）处罚种类和幅度

支队在实施渔业行政处罚时，综合考虑违法行为的事实、性质、情节、社会危害程度和与违法行为发生地的经济社会发展水平相适应等因素，决定行政处罚的种类及处罚幅度。具有法律、法规或者规章规定的不予处罚或减轻处罚的情形，或符合"免罚轻罚"规定的，应当依法不予处罚或减轻处罚。

（3）拟定裁量的基准

依据《江苏省渔业行政处罚自由裁量适用规则（试行）》第十九条第

二项"湖泊渔业违法案件，其罚款数额为上限的40%以内"的规定，综合考量捕捞方式、渔业资源破坏程度等因素，针对苏州地区常见的渔业违法行为种类，拟定电力捕鱼和无证捕捞两种渔业非法捕捞案件"一般"裁量层级自由裁量基准。

（4）从轻处罚的规定

具有法律、法规或者规章规定的一个从轻处罚情节的，罚款数额在拟定自由裁量基准基础上下浮25%；具有法律、法规或者规章规定的两个及以上从轻处罚情节的，罚款数额在拟定自由裁量基准基础上下浮50%。

（5）从重处罚的规定

"严重（较重）""特别严重"裁量层级的渔业违法行为的自由裁量按《江苏省渔业行政处罚自由裁量适用规则（试行）》执行。

（6）行刑衔接的规定

渔业违法行为涉嫌犯罪的，应当按照法定程序及时将案件移送司法机关。

（7）集体讨论的规定

《基准》适用于苏州市农业综合行政执法支队渔业行政处罚案件的查处，如遇到《基准》未涵盖的情形，由支队案件审理委员会集体讨论确定。

（五）长江"十年禁渔"工作的思考和规划

1. 问题思考

（1）执法力量捉襟见肘

农业综合行政执法改革将原渔政监管、农业执法、动物卫生监督、农机监理队伍整合，几乎没有增配编制。开展长江禁捕后，执法压力剧增，禁捕一线执法人员还同时肩负着安全生产监督、野生动物保护、水产品质量监管等渔业执法工作，虽已增配协助巡护人员、增添执法物资设备，但执法力量仍显薄弱。比如智防建设，全市缺少一个成规模的场所用于智慧指挥系统硬件建设，多方监控难以整合，大数据平台暂未建立。需要合理增配人员编制，从政策和财政方面大力扶持执法机构场所及设备的建设，推动智慧执法指挥系统的建立。

（2）渔业法律亟待修订

《渔业法》等渔业条线法律法规修订较慢，部分法条已不适应长江禁捕的新形势，且海洋、内陆罚则不分，仅规定了极高的罚款上限，缺少渔业处罚的自由裁量相关规定。以电力捕鱼为例，执法人员若想没收非法捕捞者使用的禁用渔具，后者必须具有较重及以上的违法情节。但按照农业统一的自由裁量规定，违法情节较重对应的处罚额度应高于罚款上限的60%，畸高的罚款额度，在处理内陆水域案件时不具有操作性。需要尽快修订《渔业法》等渔业条线法律法规，将海洋与内陆分开管理，明确细化渔业的自由裁量权标准。

（3）基层管理仍需完善

长江"十年禁渔"作为一项长期性、系统性工作，所涉任务、条线、部门繁杂，根据职责分工不同，各地各部门在具体工作中各有侧重，基层管理质效参差不齐。近年来，虽不断深化优化协作体制机制，但在具体事项上仍有交叉和空白存在。以"三无"船舶清理整治和协助巡护队伍组建为例，由于涉及监管部门众多，单一条线的推动效果极为有限，不利于整体工作的推进。需要进一步细化对基层组织的分工、考核标准，试点镇、村"大综合"式管理，打通禁捕执法"最后一公里"。

2. 下一步规划

（1）依托智防"破网"，力保"禁得住"

不断强化党建引领，完善队伍建设，提升技防水平，建立健全智慧执法指挥中心，以"水岸共治"为抓手，强化"三无"船舶清理取缔、产销禁用渔具惩治、违法违规垂钓管控、商船携带网具收缴、沿江企业码头监管，深化打击非法捕捞行为，坚持"全覆盖、零容忍"持续发力，深入开展长江"十年禁渔"巡查和执法打击工作，全面落实"水上不捕"。

（2）强化宣贯"断链"，力争"管得好"

不断创新宣传方式，丰富宣传内容，扩大宣传覆盖面，注重以案释法，强化警示教育，从流通和消费端积极鼓励环保组织、公益达人参与，建立有奖举报等管理制度，鼓励民众参与对违法行为的监督、举报，提高社会公众对各类破坏水生生物行为的辨识能力和抵制意识，彻底斩断"捕—运—销"违法犯罪链条，积极营造"市场不卖、餐馆不做、群众不食"的良好社会氛围。

（3）健全机制"增效"，力求"抓得实"

不断健全工作机制，强化禁捕工作领导，落实属地政府主体责任，将禁捕执法管理经费纳入本级财政预算，加强对装备设施和执法能力建设的投入保障，落实协助巡护队伍人员工资福利待遇和劳动保障，维护执法人员合法权益，将长江"十年禁渔"纳入相关考核体系和督查激励措施，实行科学合理、公平公正的激励约束机制，把"十年禁渔"抓实、抓细、抓到位。

第五篇

长江"十年禁渔"相关法律法规释读

法律是一种规范性期望。法律执行的核心并不是指向行为，而是指向期望。法律的目的也并不是要达成某种行动，而是要使期望的稳定性成为可能，通过确认所诉期望具有合法性，进行对行为的调控及冲突的解决，从而为其他社会系统的改良带来成效。因此，从功能角度出发，对"十年禁渔"相关法律法规进行解读，能更好地把握其出发点和目的，对"十年禁渔"法律法规的实际应用大有裨益。

依据《渔业法》《长江保护法》《江苏省渔业管理条例》等法律法规，结合渔业执法工作实际，"十年禁渔"相关法律法规主要可以分为以下四类。下面将从该四类出发归纳相关法律法规，并对存在重合部分的法律法规进行比较分析。

一、规范养殖生产

（一）相关法律法规

《渔业法》第三十九条规定："偷捕、抢夺他人养殖的水产品的，或者破坏他人养殖水体、养殖设施的，责令改正，可以处二万元以下的罚款；造成他人损失的，依法承担赔偿责任；构成犯罪的，依法追究刑事责任。"

《渔业法》第四十条第一款规定："使用全民所有的水域、滩涂从事养殖生产，无正当理由使水域、滩涂荒芜满一年的，由发放养殖证的机关责令限期开发利用；逾期未开发利用的，吊销养殖证，可以并处一万元以下的罚款。"

《渔业法》第四十条第二款规定："未依法取得养殖证擅自在全民所有的水域从事养殖生产的，责令改正，补办养殖证或者限期拆除养殖设施。"

《渔业法》第四十条第三款规定："未依法取得养殖证或者超越养殖证许可范围在全民所有的水域从事养殖生产，妨碍航运、行洪的，责令限期拆除养殖设施，可以并处一万元以下的罚款。"

《江苏省渔业管理条例》第三十九条第一款规定："在国有的湖泊、滩涂等水域从事养殖生产未依法取得水产养殖证的，或者擅自变更养殖证许可的生产范围和场所的，责令限期十五天内拆除养殖设施，逾期不拆除的，代为拆除。"

（二）释读

对比《渔业法》第四十条第二款与第三款，二者都有针对未依法取得养殖证擅自在全民所有水域从事养殖生产的表述，第三款较第二款侧重于其养殖生产行为妨碍航运、行洪，增添了可以并处一万元以下罚款的内容。对比《渔业法》第四十条第二款与《江苏省渔业管理条例》第三十九条第一款，二者都有未依法取得养殖证擅自在全民所有的水域从事养殖生产的表述，《江苏省渔业管理条例》对其进行了进一步细化，对责令限期拆除养殖设施做出了时限规定，限缩为十五天内拆除，并增添了逾期不拆除的，代为拆除之规定。而对比《渔业法》第四十条第三款与《江苏省渔业管理条例》第三十九条第一款，其所表述的行为实则都有超越养殖证许可范围之意，与上同理，《渔业法》第四十条第三款更侧重于当该不合法养殖行为妨碍航运、行洪时，可以处以罚款，《江苏省渔业管理条例》则将责令拆除时限确定为十五天之内，增添了逾期不拆除，代为拆除之规定。

二、加强捕捞监督

（一）相关法律法规摘要一

《渔业法》第四十一条规定："未依法取得捕捞许可证擅自进行捕捞的，没收渔获物和违法所得，并处十万元以下的罚款；情节严重的，并可以没收渔具和渔船。"

《江苏省渔业管理条例》第三十七条规定："违反本条例规定，未依法取得捕捞许可证擅自进行捕捞的，由县级以上地方人民政府渔业行政主管部门或者其所属的渔政渔港监督管理机构没收渔获物和违法所得，并处十万元以下的罚款；情节严重的，并可以没收渔具和渔船。"

（二）释读

对比《渔业法》第四十一条与《江苏省渔业管理条例》第三十七条，二者所规范之行为都是未依法取得捕捞许可证擅自进行捕捞，所指向之处罚也都是没收渔获物和违法所得，并处十万元以下的罚款；情节严重的，并可以没收渔具和渔船。

（三）相关法律法规摘要二

《渔业法》第四十二条规定："违反捕捞许可证关于作业类型、场所、时限和渔具数量的规定进行捕捞的，没收渔获物和违法所得，可以并处五万元以下的罚款；情节严重的，并可以没收渔具，吊销捕捞许可证。"

《渔业法》第四十三条规定："涂改、买卖、出租或者以其他形式转让捕捞许可证的，没收违法所得，吊销捕捞许可证，可以并处一万元以下的罚款；伪造、变造、买卖捕捞许可证，构成犯罪的，依法追究刑事责任。"

《中华人民共和国渔业法实施细则》（以下简作《实施细则》）第三十三条规定："买卖、出租或者以其他形式非法转让以及涂改捕捞许可证的，没收违法所得，吊销捕捞许可证，可以并处一百元至一千元罚款。"

（四）释读

《渔业法》第四十二条与《实施细则》第三十三条所规范之行为都是涂改、买卖、出租或者以其他非法形式转让捕捞许可证，所指向的处罚都是没收违法所得，吊销捕捞许可证，《实施细则》将处罚金额进一步规定为一百元至一千元，《渔业法》则对该行为的上下游行为做出规定，即伪造、变造、买卖捕捞许可证，构成犯罪的，依法追究刑事责任。

三、保护渔业资源

（一）相关法律法规摘要一

《渔业法》第三十八条第一款规定："使用炸鱼、毒鱼、电鱼等破坏渔业资源方法进行捕捞的，违反关于禁渔区、禁渔期的规定进行捕捞的，或者使用禁用的渔具、捕捞方法和小于最小网目尺寸的网具进行捕捞或者渔获物中幼鱼超过规定比例的，没收渔获物和违法所得，处五万元以下的罚款；情节严重的，没收渔具，吊销捕捞许可证；情节特别严重的，可以没收渔船；构成犯罪的，依法追究刑事责任。"

《长江保护法》第八十六条第一款规定："采取电鱼、毒鱼、炸鱼等方式捕捞，或者有其他严重情节的，并处五万元以上五十万元以下罚款。"

《长江保护法》第八十六条第二款规定："收购、加工、销售前款规定的渔获物的，由县级以上人民政府农业农村、市场监督管理等部门按照职责分工，没收渔获物及其制品和违法所得，并处货值金额十倍以上二十倍以下罚款；情节严重的，吊销相关生产经营许可证或者责令关闭。"

（二）释读

对比《渔业法》第三十八条第一款与《长江保护法》第八十六条第一款，所规范之行为都是采取炸鱼、毒鱼、电鱼等方式捕捞，《渔业法》所指向之处罚为没收渔获物和违法所得，处五万元以下罚款，《长江保护法》则将罚款额提高至五万元以上五十万元以下，充分说明在长江采取此类破坏渔业资源方法危害程度更严重，面临法律制裁的后果也更严重。此外，

《长江保护法》亦增加了对收购、加工、销售前款规定的渔获物等上下游犯罪行为的处罚，即由县级以上人民政府农业农村、市场监督管理等部门按照职责分工，没收渔获物及其制品和违法所得，并处货值金额十倍以上二十倍以下罚款；情节严重的，吊销相关生产经营许可或者责令关闭。可以看出，较之《渔业法》，《长江保护法》不仅规范了对破坏渔业资源捕捞方式的处罚，还增加了对其捕捞的上下游行为的规制，其遏制力度更强。

（三）相关法律法规摘要二

《渔业法》第三十八条第三款规定："制造、销售禁用的渔具的，没收非法制造、销售的渔具和违法所得，并处一万元以下的罚款。"

《江苏省渔业管理条例》第四十一条规定："违反本条例规定，在禁渔区、禁渔期捕捞的，按照《中华人民共和国渔业法》《中华人民共和国野生动物保护法》等法律法规的规定处罚。违反本条例规定，在禁止垂钓的区域垂钓的，由县级以上地方人民政府渔业行政主管部门或者其所属的渔政渔港监督管理机构没收渔获物，可以并处二百元罚款；使用多杆、多钩、锚鱼、长线串钩等器具垂钓，或者销售渔获物的，没收渔获物、违法所得、垂钓器具，并处二百元以上二千元以下罚款；使用可视化设备或者利用船、艇、筏、浮具等辅助垂钓的，没收渔获物、违法所得、垂钓器具、可视化设备，并处二千元以上二万元以下罚款。"

（四）释读

对比前述《渔业法》第三十八条第一款与《江苏省渔业管理条例》第四十一条，对于在禁渔区、禁渔期捕捞的处罚，《江苏省渔业管理条例》与《渔业法》一致，此外细化对行为的规定，增加了对在禁止垂钓的区域垂钓的处罚，即由县级以上地方人民政府渔业行政主管部门或者其所属的渔政渔港监督管理机构没收渔获物，可以并处二百元罚款；使用多杆、多钩、锚鱼、长线串钩等器具垂钓，或者销售渔获物的，没收渔获物、违法所得、垂钓器具，并处二百元以上二千元以下罚款；使用可视化设备或者利用船、艇、筏、浮具等辅助垂钓的，没收渔获物、违法所得、垂钓器具、可视化设备，并处二千元以上二万元以下罚款。

（五）相关法律法规摘要三

《江苏省渔业管理条例》第四十二条规定："违反本条例规定，携带炸鱼、毒鱼、电鱼等装置、器具和禁用渔具，以及小于最小网目尺寸的网具进入禁渔区的，由县级以上地方人民政府渔业行政主管部门或者其所属的渔政渔港监督管理机构没收装置、器具、渔具、网具，并处一千元以上五千元以下罚款。"

（六）释读

对比前述《渔业法》第三十八条第一款与《江苏省渔业管理条例》第四十二条，二者所涉工具及方法都是使用炸鱼、毒鱼、电鱼等的装置和小于最小网目尺寸的网具等禁用渔具炸鱼、毒鱼、电鱼、捕鱼，《渔业法》规定的处罚措施为没收渔获物及非法所得，处五万元以下罚款。在限定地点为禁渔区的前提下，《江苏省渔业管理条例》进一步规定：无论使用与否，只要携带，就将面临没收装置、器具、渔具、网具，并处一千元以上五千元以下罚款的处罚。

第六篇

长江"十年禁渔"典型案例

案例一　熊某使用禁用渔具进行捕捞案

（一）案情简介

2021 年 5 月 23 日，苏州市农业农村局执法人员在巡查至阳澄西湖太平段水域时，发现熊某伙同李某甲、李某乙等驾驶 5 吨水泥机动船使用底拖网正在捕捞作业，执法人员登船检查后发现船上渔获物为螺蛳且数量较大，执法人员及时进行了现场取证并进行了证据登记保存，初步判定当事人涉嫌使用禁用渔具进行捕捞。根据《江苏省渔业管理条例》第二十二条"禁止炸鱼、毒鱼、电鱼。禁止使用敲舻、滩涂拍板、多层拦网、闸口套网、拦河罾、深水张网（长江）、地笼网、底扒网以及其他破坏渔业资源的渔具、捕捞方法进行捕捞"的规定，案发当日，苏州市农业农村局依法对当事人进行立案调查。

（二）调查处理

2021 年 5 月 23 日，苏州市农业农村局执法人员巡查至阳澄西湖太平段水域时，发现熊某等人驾驶水泥机动船，船上的渔获物数量较大，并且其使用的捕捞工具底拖网疑似禁用渔具，执法人员及时进行了现场取证并进行了证据登记保存。

2021 年 5 月 24 日，执法人员对熊某等人的捕捞渔具进行了进一步的测量：底拖网长 300 cm，宽 200 cm，网具孔目为 1 cm×1 cm，江苏省内陆水域渔具渔法鉴定中心鉴定该渔具与《农业部关于长江干流禁止使用单船拖网等十四种渔具的通告（试行）》中的"单船拖网"为同类渔具。根据《江苏省渔业管理条例》第二十二条"禁止炸鱼、毒鱼、电鱼。禁止使用敲舢、滩涂拍板、多层拦网、闸口套网、拦河罾、深水张网（长江）、地笼网、底扒网以及其他破坏渔业资源的渔具、捕捞方法进行捕捞"的规定，该渔具属于"其他破坏渔业资源的禁用渔具"。

2021 年 5 月 24 日，执法人员对熊某等人捕获的渔获物螺蛳进行称重，数量为 1295.28 千克。根据相关法律规定，2021 年 5 月 24 日，苏州市农业农村局将熊某等移送苏州市公安局相城分局追究刑事责任。

（三）法律分析

1. 证据固定

执法人员经对现场情况初步判定，违法当事人涉嫌使用禁用渔具进行捕捞，后经江苏省内陆水域渔具渔法鉴定中心鉴定，该渔具与《农业部关于长江干流禁止使用单船拖网等十四种渔具的通告（试行）》中的"单船拖网"为同类渔具，属于禁用渔具。执法人员对非法渔获物（螺蛳）进行称重，为 1295.28 千克。

2. 违法行为定性

当事人使用禁用渔具进行捕捞作业，违反了《渔业法》第三十八条"使用炸鱼、毒鱼、电鱼等破坏渔业资源方法进行捕捞的，违反关于禁渔区、禁渔期的规定进行捕捞的，或者使用禁用的渔具、捕捞方法和小于最小网目尺寸的网具进行捕捞或者渔获物中幼鱼超过规定比例的，没收渔获物和违法所得，处五万元以下的罚款；情节严重的，没收渔具，吊销捕捞许可证；情节特别严重的，可以没收渔船；构成犯罪的，依法追究刑事责任"的规定。

3. 追究刑事责任

根据最高人民检察院、公安部《关于公安机关管辖的刑事案件立案追诉标准的规定（一）》第六十三条第一款第一项［非法捕捞水产品案（刑法第三百四十条）］"违反保护水产资源法规，在禁渔区、禁渔期或者使用禁用的工具、方法捕捞水产品，涉嫌下列情形之一的，应予立案追诉：（一）在内陆水域非法捕捞水产品五百公斤或者价值五千元以上的，或者在海洋水域非法捕捞水产品二千公斤以上或者价值二万元以上的"的规定，苏州市农业农村局将该案移交苏州市公安局相城分局处理。

（四）典型意义

该案在阳澄湖沿湖群众中引起了相当大的反响，使大部分违法捕捞者彻底收手，有效地打击了违法捕捞者的嚣张气焰，是做好长江"十年禁捕"宣传工作的典型案例。

该案意义在于：

1. 严查严管，震慑违法行为

沿湖群众，或是世代生活在阳澄湖的周边，或是由外地务工而来聚集在沿湖各个村镇。受"靠水吃水"传统观念的影响，在利益的驱使下，他们不惜知法犯法，以身试法。在苏州市农业农村局对这起违法案件进行严查重处之后，违法人员或潜在违法人员听到他们的"同行"或者熟人因违法捕捞行为受到执法机关严厉的行政处罚，甚至是被移送公安机关进行刑事处罚，受到了教育和警示，真正意识到了禁捕工作的严肃性和强制性。该案件不仅对他们起到了"不敢捕"的警示作用，还有助于防止他们怀有侥幸心理以身试法。

2. 权威鉴定，严密证据链条

本案中，苏州市农业农村局委托渔具渔法权威鉴定机构对当事人使用的捕捞工具进行了专业鉴定，提供了追究其刑事责任的主要证据材料，形成了完整的证据链，在提高案件办理质量的同时，也为案件顺利进入司法程序提供了有力的支撑。

3. 强化宣传，营造禁捕氛围

对于普通群众而言，更能起到实际触动作用的宣传形式是以案释法，让普通群众认识到禁捕工作并不只是停留在传单和横幅上，禁捕对于保护他们身边的阳澄湖渔业生态资源、改善水域生态环境具有重要意义。不仅要让普通群众形成自己"不想捕"的观念，还要让他们坚决抵制违法捕捞行为，成为禁捕工作有力的支持者。而举报奖励机制，则可以让普通群众充分发挥居住在沿湖区域信息来源多的优势，成为很好的线索提供者，甚至是执法辅助者。只有多措并举，才能在阳澄湖沿湖群众中形成"不敢捕""不能捕""不想捕"的禁捕氛围。

案例二　周某携带禁用渔具进入禁渔区案

（一）案情简介

2021年4月12日，张家港市农业农村局联合张家港市公安局执法人员在日常巡逻过程中发现，停靠在长江十字港的一艘货船上携带有4艘机动小船，这4艘机动小船经常被吊机吊入江中，有违法捕捞的嫌疑。执法人员登临船名号为"苏锡货01326"的货船开展突击检查，在船上发现了地笼网等禁用渔具。根据《江苏省渔业管理条例》第十九条"禁止携带炸鱼、毒鱼、电鱼等装置、器具和禁用渔具，以及小于最小网目尺寸的网具进入禁渔区"的规定，张家港市农业农村局对船主周某以涉嫌携带禁用渔具进入禁渔区进行立案调查。

（二）调查处理

调查中，执法人员对船上发现的5口地笼网进行了拍照取证，制作了现场检查笔录，并对相关情况进行了询问。最终查明，船主周某在"苏锡货01326"货船上携带5口地笼网进入张家港市十字港闸外长江水域。

2021年4月15日，张家港市农业农村局根据《江苏省渔业管理条例》第四十二条"违反本条例规定，携带炸鱼、毒鱼、电鱼等装置、器具和禁用渔具，以及小于最小网目尺寸的网具进入禁渔区的，由县级以上地方人民政府渔业行政主管部门或者其所属的渔政渔港监督管理机构没收装置、器具、渔具、网具，并处一千元以上五千元以下罚款"的规定，做出没收禁用渔具并处2000元罚款的行政处罚。

（三）法律分析

1. 违法行为定性

本案的案发位置在张家港市十字港闸外水域，根据2020年7月22日发布的《江苏省农业农村厅关于长江干流江苏段水域禁捕的通告》，该水域为长江禁渔区实施范围；根据《江苏省渔业管理条例》第二十二条"禁止炸鱼、毒鱼、电鱼。禁止使用敲𦊟、滩涂拍板、多层拦网、闸口套网、拦河罾、深水张网（长江）、地笼网、底扒网以及其他破坏渔业资源的渔具、捕捞方法进行捕捞"的规定，船主周某的货船上携带有地笼网，其性质属于携带禁用渔具。

2. 法律适用

根据《江苏省渔业管理条例》第四十二条"违反本条例规定，携带炸鱼、毒鱼、电鱼等装置、器具和禁用渔具，以及小于最小网目尺寸的网具进入禁渔区的，由县级以上地方人民政府渔业行政主管部门或者其所属的渔政渔港监督管理机构没收装置、器具、渔具、网具，并处一千元以上五千元以下罚款"的规定，应当给予周某没收地笼网并处 1000 以上 5000 元以下罚款的处罚。

3. 自由裁量

张家港市农业农村局立案后，船主周某已认识到自己的违法行为，并积极配合执法机关查处违法行为。本着处罚与教育相结合，以及处罚与违法行为的事实、性质、情节及社会危害相当原则，根据《规范农业行政处罚自由裁量权办法》第十一条"法律、法规、规章设定的罚款数额有一定幅度的，在相应的幅度范围内分为从重处罚、一般处罚、从轻处罚。除法律、法规、规章另有规定外，罚款处罚的数额按照以下标准确定：（一）罚款为一定幅度的数额，并同时规定了最低罚款数额和最高罚款数额的，从轻处罚应低于最高罚款数额与最低罚款数额的中间值，从重处罚应高于中间值"的规定，在适用罚款处罚自由裁量权时，执法机关认为给予船主周某 2000 元罚款的处罚，既能起到惩罚的作用，又体现了处罚与教育相结合的原则。

（四） 典型意义

此案件是国家实施长江"十年禁渔"以来，苏州市立案查处的第一起携带禁用渔具进入禁渔区案，为苏州市联合执法打击长江张家港段交通运输船非法捕捞行动拉开了序幕。2021年4月25日至27日，张家港市农业农村局与张家港海事局等多部门开展了打击长江水域交通运输船舶非法捕捞联合执法行动，检查长江水域交通运输船舶19艘，立案查处涉嫌携带电鱼装置、禁用渔具等违法行为7起，没收电鱼逆变器2台、地笼网27口、小于最小网目尺寸的刺网1口。

在长江"十年禁渔"禁令之下，虽然打击力度不断加大，但长期以来，仍有人抱着侥幸心理，游走在法律边缘，甚至触碰红线，或漠视法律，对长江禁渔的严肃性缺乏认识，不以为意。此案例旨在警示那些心存侥幸的非法捕捞人员，提醒那些漠视"十年禁渔"规定的人员：长江"十年禁渔"是党中央为全局计、为子孙谋的重大决策，执法机关必将严厉打击非法捕捞、运输、销售、食用等涉渔全链条违法行为。

案例三　某电器商店销售禁用渔具案

（一）案情简介

2021 年 1 月 6 日，常熟市农业农村局联合常熟市公安局、常熟市市场监督管理局开展禁用渔具销售突击执法检查。在对某电器商店的检查中发现店内货架有逆变器、电捞海等物品陈列待售，其行为涉嫌违反《渔业法》第三十条第一款"禁止制造、销售、使用禁用的渔具"的规定。当日，常熟市农业农村局对当事人予以立案调查。

（二）调查处理

2021 年 1 月 11 日，常熟市农业农村局执法人员对当事人进行调查询问并制作笔录，了解了逆变器、电捞海的来源，并根据当事人账本（销售记录）查找出逆变器、电捞海的销售情况，由当事人核对确认。1 月 14 日，执法人员再次对当事人进行调查询问并制作笔录，由当事人对登记保存的逆变器、电捞海实物进行指认，当事人确认登记保存的逆变器、电捞海为电捕工具。根据指认情况，执法人员从当事人账本（销售记录）中筛查出逆变器交易信息 77 条、电捞海交易信息 25 条，将销售信息制成表格由当事人核对并确认。1 月 28 日，常熟市农业农村局以农业农村部《非法捕捞案件涉案物品认（鉴）定和水生生物资源损害评估及修复办法（试行）》为依据，根据现场检查、证据登记保存、当事人指认，以及逆变器和电捞海的结构特点及工作原理等情况，对涉案逆变器、电捞海进行认定并对认定书进行送达。

经调查，当事人自 2019 年 1 月 23 日起销售禁用渔具逆变器 77 次共计 313 台，销售禁用渔具电捞海 25 次共计 74 套，获取违法所得合计 47720 元。

2021 年 3 月 19 日，常熟市农业农村局依据《渔业法》第三十八条第三款"制造、销售禁用的渔具的，没收非法制造、销售的渔具和违法所得，并处一万元以下的罚款"的规定，做出没收禁用渔具逆变器 88 台、没收电捞海 21 套及零线 4 根，没收违法所得 47720 元并处 7000 元罚款的行政处罚。

（三）法律分析

1. 禁用渔具的认定

本案中，执法人员查获的涉案电器均为"三无"产品，标签售价缺失，种类繁杂，给案件办理过程中的涉案物品认定、违法所得计算带来极大挑战。为应对这些挑战，执法人员从分析涉案逆变器、电捞海的工作原理，现场记录测定逆变器输出功率的波动性入手，并组织当事人现场一一指认，签署涉案物品认定书，最终认定查获的 92 台逆变器中有 88 台为电鱼用逆变器。

2. 违法所得的认定

常熟市农业农村局执法人员对照查获的经营账本，核对当事人供述，采取物、账、人相互对照，共同印证的方式，认定其违法所得为违法产品的销售收入，包括成本和可得利益（利润），共计 47720 元。

3. 行政处罚的自由裁量

在制造、销售、使用禁用渔具三个环节中，销售处于中间环节，承上启下，属于非法捕捞的源头。当事人销售的电捕工具一是对生态环境和渔业资源造成重大影响，二是销售量大、跨度时间较长，且在长江"十年禁渔"期间仍在经营，情节恶劣，应依法严肃处理。根据《规范农业行政处罚自由裁量权办法》第十五条"有下列情形之一的，农业农村主管部门依法从重处罚：（一）违法情节恶劣，造成严重危害后果的"的规定，经集体讨论，决定给予从重处罚。

（四）典型意义

长江"十年禁渔"是党中央为全局计、为子孙谋的重大决策，是推动长江"共抓大保护"和长江经济带绿色发展的重要举措。在制造、销售、使用禁用渔具三个环节中，销售处于中间环节，对销售禁用渔具加大打击力度，是长江禁捕执法整治的重点、难点。

本案是长江"十年禁渔"实施以来苏州市查获的首例大规模销售禁用渔具案件，也是农业农村部《非法捕捞案件涉案物品认（鉴）定和水生生物资源损害评估及修复办法（试行）》正式实施以来苏州地区首次由办案部门开展涉案物品认定的案件。常熟市农业农村局在认真学习研究非法捕捞案件涉案物品认定方法的基础上，根据涉案逆变器输出功率的差异，细致甄别出具备大功率变频功能的逆变器，结合当事人指认供述，对涉案逆变器进行技术认定，确保认定过程科学、规范，对办理此类渔具经营类案件有典型示范意义。

案例四 刘某、周某未依法取得捕捞许可证擅自进行捕捞案

（一）案情简介

2021 年 10 月 30 日，长江航运公安局苏州分局太仓派出所接到视频线索——有人在扬子三井船厂码头长江水域进行非法捕捞。公安民警前往扬子三井船厂了解情况，经过视频比对后发现厂区内保安人员存在非法捕捞嫌疑，现场询问厂区保安后，未发现相关涉案人员。当日，刘某、周某二人携带捕捞工具撒网来到长江航运公安局苏州分局太仓派出所自首，交代其二人曾于 2021 年 10 月 24 日在扬子三井船厂码头 2 号引桥上撒网捕捞。太仓市农业农村局接到公安通报后，赴现场调查，认为其行为涉嫌违反《渔业法》第二十三条第一款"国家对捕捞业实行捕捞许可证制度"的规定。2021 年 11 月 2 日，太仓市农业农村局对刘某、周某进行立案调查。

（二）调查处理

2021 年 10 月 30 日，太仓市农业农村局执法人员前往长江航运公安局苏州分局太仓派出所，对刘某、周某使用的撒网进行检查测量，现场进行拍照取证，并制作了现场检查笔录。测量结果为：撒网直径 7.2 m，连接绳子长 20.8 m，网目直径 64 mm，该网具为准用渔具。2021 年 11 月 2 日，执法人员对刘某、周某进行询问并制作了询问笔录。

经调查，2021 年 10 月 24 日，扬子三井船厂保安刘某提议周某教其撒网。随后二人携带撒网 1 口来到扬子三井船厂码头 2 号引桥上，周某在一旁指导刘某撒网，案发当日未捕捞到渔获物，二人均无捕捞许可证，当事人使用的捕捞工具为撒网 1 口（撒网直径 7.2 m，连接绳子长 20.8 m，网目直径 64 mm），不属于禁用渔具。

2021 年 11 月 25 日，太仓市农业农村局根据《渔业法》第四十一条"未依法取得捕捞许可证擅自进行捕捞的，没收渔获物和违法所得，并处十万元以下的罚款；情节严重的，并可以没收渔具和渔船"的规定，给予刘某罚款 4000 元、周某罚款 2000 元的行政处罚。

（三）法律分析

1. 违法行为定性

刘某、周某的上述行为违反了《渔业法》第二十三条第一款"国家对捕捞业实行捕捞许可证制度"的规定，符合《农业行政处罚程序规定》第三十条规定的立案标准，应予以行政处罚。

2. 法律适用

根据《渔业法》第四十一条"未依法取得捕捞许可证擅自进行捕捞的，没收渔获物和违法所得，并处十万元以下的罚款；情节严重的，并可以没收渔具和渔船"的规定，执法机关可以给予刘某、周某 10 万元以下罚款的行政处罚。

3. 自由裁量

根据《规范农业行政处罚自由裁量权办法》第十一条"法律、法规、规章设定的罚款数额有一定幅度的，在相应的幅度范围内分为从重处罚、一般处罚、从轻处罚。除法律、法规、规章另有规定外，罚款处罚的数额按照以下标准确定：……（二）只规定了最高罚款数额未规定最低罚款数额的，从轻处罚一般按最高罚款数额的百分之三十以下确定，一般处罚按最高罚款数额的百分之三十以上百分之六十以下确定，从重处罚应高于最高罚款数额的百分之六十"的规定，鉴于当事人主动投案，认错认罚的态度好，使用的渔具不属于禁用渔具，未捕获渔获物，社会影响范围小，经综合考量本次共同违法行为的情节和危害后果，结合本地区长江水域未依法取得捕捞许可证擅自进行捕捞违法行为的处罚幅度，给予当事人 6000 元罚款的处罚，足以起到惩戒作用。在此次共同违法行为中，刘某提议并进行撒网捕捞行为起主要作用，周某在一旁指导撒网起次要作用。本着合法、合理、合情量罚原则，在适用罚款处罚时，给予当事人刘某罚款4000元、周某罚款2000元的处罚足以起到惩罚和教育的作用。

（四）典型意义

2021年以前，渔政执法对多名当事人共同违法捕捞的行为无具体规范，不同地方处罚形式多样，有的只对其中一名当事人给予处罚，有的则对多名当事人予以平摊处罚。2020年12月29日，农业农村部印发了《渔政执法工作规范（暂行）》，对同一案件多名当事人违法的处罚情况做出了明确规定。《渔政执法工作规范（暂行）》第六十三条"同一案件有多个当事人，决定给予罚款处罚的，应当在行政处罚决定书中明确其各自应当缴纳的罚款数额"的规定为渔政执法对多名当事人违法捕捞行为的查处提供了依据。本案为多名当事人实施违法捕捞行为处罚的典型案例。在确定罚款金额时，首先对违法行为裁量层级、违法情节和危害后果进行定性，确定违法行为的处罚幅度；其次依据两名当事人在实施违法捕捞活动中的主次作用，分别予以量罚。该处罚避免了只罚一人的避重就轻情形，对每个当事人的违法行为都做出了明确的定性。依据情节分别量罚，既对两名当事人起到了有力的惩处和警示作用，又充分保障了当事人的合法权益，体现了行政处罚的公平公正。

本案也是长江禁渔期内打击非法捕捞的典型案例。太仓市农业农村局与公安、属地政府多次开展联合执法行动，加大执法巡查的力度，禁渔期间的违法违规行为因此大幅下降，禁渔秩序明显好于往年，但对沿江厂区内的执法仍存在一定盲区。本案是对沿江厂区内非法捕捞的惩处案例，在当地厂区内引起了较大反响。此次对当事人的处罚，不仅起到了以案释法的作用，更警示当地沿江厂区内的员工切勿以身试法，改变了个别人员认为在厂区内无法监管的思想观念。同时，相关部门以此案为契机，在长江沿线封闭厂区内进行禁渔法律法规的宣传，让长江禁捕更加深入人心。

此案的典型意义还在于强化社会监督力量。本案的线索是由市民提供的，在执法宣传工作中相关部门要加强与市民的沟通，进一步拓宽监督渠道，充分发挥群众的力量，强化社会化监管，对相关举报线索及时予以查处，严厉打击各类非法捕捞行为。

《吕氏春秋·义赏》："竭泽而渔，岂不获得？而明年无鱼。"渔业资源是可再生资源，但过度捕捞会造成渔业资源的枯竭。本案中违法捕捞行为发生的时间正是长江各类鱼种洄游产卵的季节，非法捕捞会对长江渔业资源造成破坏，严重影响长江生态环境的可持续发展。不管是"偷腥"还是图财，一旦触碰了法律的红线，必将受到严厉制裁。

案例五 钱某等人在长江流域水生生物保护区内从事生产性捕捞案

（一）案情简介

2021年7月18日凌晨，昆山市农业农村局执法人员巡查至昆山市淀山湖国家级水产种质资源保护区时，现场查获钱某伙同孟某甲、杨某乙驾驶橡皮艇使用丝网进行捕捞。三人涉嫌在昆山市淀山湖国家级水产种质资源保护区内从事生产性捕捞，执法人员依法进行现场调查取证，制作现场检查笔录。根据《长江保护法》第五十三条第一款"在长江流域水生生物保护区全面禁止生产性捕捞"的规定，昆山市农业农村局对钱某等人予以立案调查。

（二）调查处理

2021年7月18日，执法人员分别对钱某等三人制作询问笔录。为防止证据灭失，执法人员依法对渔具、渔船及渔获物异地先行登记保存，并于当天对渔获物进行分类称重，钱某等共计捕捞渔获物41.65千克。

根据《长江保护法》第八十六条第一款"违反本法规定，在长江流域水生生物保护区内从事生产性捕捞，或者在长江干流和重要支流、大型通江湖泊、长江河口规定区域等重点水域禁捕期间从事天然渔业资源的生产性捕捞的，由县级以上人民政府农业农村主管部门没收渔获物、违法所得以及用于违法活动的渔船、渔具和其他工具，并处一万元以上五万元以下罚款；采取电鱼、毒鱼、炸鱼等方式捕捞，或者有其他严重情节的，并处五万元以上五十万元以下罚款"的规定，2021年8月3日，昆山市农业农村局依法对当事人做出没收渔获物（4尾花鲢、1尾鲤鱼、7尾白鲢）41.65千克、没收橡皮艇1艘、没收抄网1个、没收丝网3条并处10000元罚款的行政处罚。

（三）法律分析

1. 证据固定

执法人员经对现场情况进行勘查，初步判定违法当事人涉嫌在长江流域水生生物保护区从事生产性捕捞，为防止证据灭失，执法人员于查获当天依法对渔具、渔船及渔获物异地先行登记保存，并对渔获物进行分类称重，钱某等共计捕捞渔获物41.65千克。

2. 违法行为定性

本案违法行为发生地是昆山市淀山湖国家级水产种质资源保护区，属于长江流域水生生物保护区。依据《长江保护法》第五十三条第一款"国家对长江流域重点水域实行严格捕捞管理。在长江流域水生生物保护区全面禁止生产性捕捞；在国家规定的期限内，长江干流和重要支流、大型通江湖泊、长江河口规定区域等重点水域全面禁止天然渔业资源的生产性捕捞"的规定，执法机关将本案中的违法行为定性为在长江流域水生生物保护区从事生产性捕捞。

3. 法律适用

《长江保护法》第八十六条第一款规定："违反本法规定，在长江流域水生生物保护区内从事生产性捕捞，或者在长江干流和重要支流、大型通江湖泊、长江河口规定区域等重点水域禁捕期间从事天然渔业资源的生产性捕捞的，由县级以上人民政府农业农村主管部门没收渔获物、违法所得以及用于违法活动的渔船、渔具和其他工具，并处一万元以上五万元以下罚款；采取电鱼、毒鱼、炸鱼等方式捕捞，或者有其他严重情节的，并处五万元以上五十万元以下罚款。"

（四）典型意义

2021年3月1日，我国第一部流域法律《长江保护法》正式施行，该法落实了党中央关于长江禁渔的决策部署，对长江流域重点水域的违法行为规定了更严格的法律责任，表明了党中央对长江母亲河水生生物保护的决心。本案就是发生在长江流域禁捕水域昆山市淀山湖河蚬翘嘴红鲌国家级水产种质资源保护区，本案的查处在贯彻落实《长江保护法》方面具有以下典型意义：

1. 具有较强的示范指导作用

作为苏州市首个违反《长江保护法》涉渔案例，该案件具有一定的专业性、指导性、典型性，为推动实现长江流域生态保护进入"有法可依、违法必究"时期，打赢长江"十年禁渔"持久战打下了良好的执法基础。

2. 有效震慑保护区非法捕捞行为

长江"十年禁渔"是党中央为全局计、为子孙谋的重大决策，但仍然有心存侥幸的违法人员以身试法，本案适用《长江保护法》，加大了处罚力度，让他们真正认识到禁捕工作的严肃性和强制性，让法律"长出牙齿"，以高压态势严厉打击违法捕捞者的嚣张气焰，对保护区非法捕捞行为起到了有效的震慑作用。

案例六　周某未经批准在水产种质资源保护区内从事捕捞活动案

（一）案情简介

2021 年 5 月 24 日，吴江区农业农村局执法人员接到长漾湖国家级水产种质资源保护区第三方巡护单位安保人员举报电话，称在保护区内有人用丝网进行非法捕捞。执法人员立即赶赴举报现场，在现场查获小铁船 1 艘、丝网 2 串及鲤鱼等杂鱼渔获物 10 条，经执法人员现场称重，渔获物重量为 2.695 千克。

根据《渔业法》第二十九条"国家保护水产种质资源及其生存环境，并在具有较高经济价值和遗传育种价值的水产种质资源的主要生长繁育区域建立水产种质资源保护区。未经国务院渔业行政主管部门批准，任何单位或者个人不得在水产种质资源保护区内从事捕捞活动"的规定，当日，吴江区农业农村局依法对当事人进行了立案调查。

（二）调查处理

在现场调查过程中，执法人员对周某从事非法捕捞活动的相关证据进行了核对和拍照取证，并对当事人捕捞所用工具和渔获物进行了证据先行登记保存，并将《证据先行登记保存通知书》交由当事人确认签字。基于有效保护渔业资源的现实需要和鲜活渔获物不易保存的特殊属性考虑，执法人员依法将当事人捕捞的 2.695 千克渔获物在事发水域当场放流。当日，吴江区农业农村局执法人员在长漾湖国家级水产种质资源保护区 1 号值班点对当事人进行调查询问，并制作了询问笔录。

（三）法律分析

1. 证据固定

执法人员经对现场定位数据判定，违法当事人进行捕捞作业的水域为长漾湖国家级水产种质资源保护区。

2. 违法行为定性

当事人未经批准在水产种质资源保护区从事捕捞活动的行为，违反了《渔业法》第二十九条"国家保护水产种质资源及其生存环境，并在具有较高经济价值和遗传育种价值的水产种质资源的主要生长繁育区域建立水产种质资源保护区。未经国务院渔业行政主管部门批准，任何单位或者个人不得在水产种质资源保护区内从事捕捞活动"的规定。

3. 自由裁量

根据《渔业法》第四十五条"未经批准在水产种质资源保护区内从事捕捞活动的，责令立即停止捕捞，没收渔获物和渔具，可以并处一万元以下的罚款"的规定和《规范农业行政处罚自由裁量权办法》第十一条"法律、法规、规章设定的罚款数额有一定幅度的，在相应的幅度范围内分为从重处罚、一般处罚、从轻处罚。除法律、法规、规章另有规定外，罚款处罚的数额按照以下标准确定：……（二）只规定了最高罚款数额未规定最低罚款数额的，从轻处罚一般按最高罚款数额的百分之三十以下确定，一般处罚按最高罚款数额的百分之三十以上百分之六十以下确定，从重处罚应高于最高罚款数额的百分之六十"的规定，综合考虑当事人的违法行为情节较轻、尚无违法所得、对社会危害性不大且当事人在案件调查过程中积极配合等因素，吴江区农业农村局认为给予周某2000元罚款的行政处罚，足以起到惩罚和教育的作用。

（四）典型意义

该案直接体现了执法者"执法必严、违法必究"的执法决心，有力地打击了非法捕捞行为，使非法捕捞者意识到不能心存侥幸，在保护区周边乡镇引起了较大反响，杜绝了在保护区内的非法捕捞行为，是做好长江"十年禁渔"宣传工作的典型。

该案的典型意义在于：

1. 打击非法捕捞，展现执法决心

在此案中，吴江区农业农村局执法人员严格执法，有力地打击了非法捕捞行为，向广大群众展现了执法者"执法必严、违法必究"的执法决心。

2. 筑牢禁渔防线，强化禁渔意识

在长江"十年禁渔"工作开展后，少数群众尽管知晓禁渔政策，但在利益的诱惑下，仍然不惜知法犯法，以身试法。此次案件为这些群众敲响了警钟，使他们深刻意识到违法捕捞的严重后果，尽可能消除了侥幸心理，强化了自身的禁渔法律意识，减少了违法捕捞行为的发生。

案例七　杨某在禁渔期内垂钓案

（一）案情简介

2021 年 4 月 4 日，张家港市农业农村局与张家港市公安局执法人员在沿江堤巡查时，发现当事人在沪苏通长江公铁大桥东侧主江堤外长江水域垂钓。根据《江苏省渔业管理条例》第十八条第三款"长江干流江苏段在禁渔期内禁止垂钓"的规定，根据《农业行政处罚程序规定》第三十条的规定，经张家港市农业农村局批准，执法人员以"涉嫌违反长江禁渔区、禁渔期的规定垂钓"于当日对当事人进行立案调查。

（二）调查处理

调查中，两名执法人员下堤岸前往当事人的垂钓位置，一名执法人员在堤坝上使用无人机航拍当事人的垂钓行为并全程录像。执法人员向其出示执法证件后对现场依法进行检查，并对相关情况进行询问，制作了现场检查笔录和询问笔录。根据无人机拍摄的当事人垂钓行为及当事人指认垂钓器具的照片，最终查明，当事人于 2021 年 4 月 4 日在沪苏通长江公铁大桥东侧主江堤外长江水域使用 1 根单钩的路亚竿进行垂钓，垂钓期间未有渔获物。

2021 年 4 月 12 日，张家港市农业农村局根据《江苏省渔业管理条例》第四十一条第二款"违反本条例规定，在禁止垂钓的区域垂钓的，由县级以上地方人民政府渔业行政主管部门或者其所属的渔政渔港监督管理机构没收渔获物，可以并处二百元罚款；使用多杆、多钩、锚鱼、长线串钩等器具垂钓，或者销售渔获物的，没收渔获物、违法所得、垂钓器具，并处二百元以上二千元以下罚款；使用可视化设备或者利用船、艇、筏、浮具等辅助垂钓的，没收渔获物、违法所得、垂钓器具、可视化设备，并处二千元以上二万元以下罚款"的规定，对当事人做出了罚款 200 元的行政处罚。

（三）法律分析

1. 违法行为定性

杨某在长江干流水域进行垂钓，违反了《江苏省渔业管理条例》第十八条第三款"长江干流江苏段在禁渔期内禁止垂钓"的规定，应予以行政处罚，符合《农业行政处罚程序规定》第三十条规定的立案标准。

2. 法律适用

根据《江苏省渔业管理条例》第四十一条第二款"违反本条例规定，在禁止垂钓的区域垂钓的，由县级以上地方人民政府渔业行政主管部门或者其所属的渔政渔港监督管理机构没收渔获物，可以并处二百元罚款；使用多杆、多钩、锚鱼、长线串钩等器具垂钓，或者销售渔获物的，没收渔获物、违法所得、垂钓器具，并处二百元以上二千元以下罚款；使用可视化设备或者利用船、艇、筏、浮具等辅助垂钓的，没收渔获物、违法所得、垂钓器具、可视化设备，并处二千元以上二万元以下罚款"的规定，执法人员可以给予杨某处 200 元罚款的行政处罚。

3. 自由裁量

对照《规范农业行政处罚自由裁量权办法》第十三条"有下列情形之一的，农业农村主管部门依法不予处罚"和第十四条关于农业农村主管部门依法从轻或减轻处罚的情形的规定，当事人不具有不予处罚和减轻处罚的情形，因此张家港市农业农村局给予杨某罚款 200 元的行政处罚。

（四）典型意义

为加强渔业资源的保护，《江苏省渔业管理条例》规定长江干流江苏段在禁渔期内禁止垂钓。但在日常执法中，违法垂钓案件屡见不鲜，一是垂钓爱好者人员众多，新的《江苏省渔业管理条例》出台时间不长，虽经过执法机关前期大量的宣传工作，仍存在一批不以为然的垂钓人员；二是水路错综复杂、违法垂钓行为隐蔽，重要物证（鱼钩）在水下，执法人员难以第一时间收集证据；三是行政机关执法人员不足，侦察能力与公安机关存在一定的差距。为此，张家港市农业农村局坚持以问题为导向，针对行政机关执法人员不足、侦察设备落后，水上取证困难等问题，着力做了以下几点工作。

1. 加强执法联动

在与张家港市公安局双山水上派出所在上游成立长江禁捕执法组的同时，在下游与西界港水上派出所组建了长江禁捕执法联动中心，旨在实现渔政和公安资源共享、联合联动、运行高效的行刑衔接工作新模式。

2. 创新智慧监管

针对长江张家港段水路复杂、违法案件多为夜间发生的情况，张家港市农业农村局投入使用了无人机、夜视仪等智能执法辅助设备，确保长江禁渔执法无死角、全覆盖。

本案件是张家港农业农村局与张家港市公安局西界港水上派出所在联合行动中发现，并在第一时间就使用无人机对当事人的违法行为进行了证据固定，案件事实清楚、证据确凿、程序正确，体现了该机关夯力打击违法垂钓、保护长江渔业资源的力度和决心。

案例八　陈某违反长江禁渔期规定进行锚鱼案

（一）案情简介

2021年4月13日，常熟市农业农村局执法人员在沿长江防洪大堤执法巡查时，发现陈某在八一涵洞外侧长江水域使用锚鱼竿（3钩）进行锚鱼，涉嫌违反《江苏省渔业管理条例》第十八条"国家和省级水产种质资源保护区、水生生物自然保护区常年禁止捕捞和垂钓。长江干流江苏段和省规定的禁渔区在禁渔期内禁止捕捞。长江干流江苏段在禁渔期内禁止垂钓"的规定。经常熟市农业农村局负责人批准，依法对陈某进行立案调查。

（二）调查处理

2021年4月13日，常熟市农业农村局执法人员在沿长江防洪大堤执法巡查时，发现陈某在八一涵洞外侧长江水域疑似使用钓竿正在垂钓，执法人员及时进行现场取证并进行了证据登记保存。经调查取证证实，当事人使用的是由鱼竿、轮子、锚钩（3个钩子）组成的锚鱼竿；当事人锚鱼水域为八一涵洞外侧长江水域，属长江干流水域；查获时没有渔获物。

根据《江苏省渔业管理条例》第四十一条第二款"违反本条例规定，在禁止垂钓的区域垂钓的，由县级以上地方人民政府渔业行政主管部门或者其所属的渔政渔港监督管理机构没收渔获物，可以并处二百元罚款；使用多杆、多钩、锚鱼、长线串钩等器具垂钓，或者销售渔获物的，没收渔获物、违法所得、垂钓器具，并处二百元以上二千元以下罚款；使用可视化设备或者利用船、艇、筏、浮具等辅助垂钓的，没收渔获物、违法所得、垂钓器具、可视化设备，并处二千元以上二万元以下罚款"的规定，常熟市农业农村局对陈某做出了没收锚鱼竿并处罚款400元的行政处罚。

（三）法律分析

1. 违法行为定性

陈某使用锚鱼竿在长江干流水域进行锚鱼，违反了《江苏省渔业管理条例》第十八条第三款"长江干流江苏段在禁渔期内禁止垂钓"的规定，应予以行政处罚，符合《农业行政处罚程序规定》第三十条规定的立案标准。

2. 法律适用

根据《江苏省渔业管理条例》第四十一条第二款"违反本条例规定，在禁止垂钓的区域垂钓的，由县级以上地方人民政府渔业行政主管部门或者其所属的渔政渔港监督管理机构没收渔获物，可以并处二百元罚款；使用多杆、多钩、锚鱼、长线串钩等器具垂钓，或者销售渔获物的，没收渔获物、违法所得、垂钓器具，并处二百元以上二千元以下罚款；使用可视化设备或者利用船、艇、筏、浮具等辅助垂钓的，没收渔获物、违法所得、垂钓器具、可视化设备，并处二千元以上二万元以下罚款"的规定，执法人员可以给予陈某处200元以上2000元以下罚款的行政处罚。

3. 自由裁量

根据《规范农业行政处罚自由裁量权办法》第十一条"法律、法规、规章设定的罚款数额有一定幅度的，在相应的幅度范围内分为从重处罚、一般处罚、从轻处罚。除法律、法规、规章另有规定外，罚款处罚的数额按照以下标准确定：（一）罚款为一定幅度的数额，并同时规定了最低罚款数额和最高罚款数额的，从轻处罚应低于最高罚款数额与最低罚款数额的中间值，从重处罚应高于中间值"的规定，鉴于陈某对自己的违法行为供认不讳，积极配合执法人员查处其违法行为，且没有渔获物，未对长江渔业资源造成实质性损害，在适用行政处罚自由裁量权时，常熟市农业农村局认为给予陈某400元罚款的行政处罚，足以起到惩罚和教育的作用。

（四）典型意义

长江自古以来就是我国重要的水系之一，是中华民族发展的重要支撑。多年来，受拦河筑坝、水域污染、过度捕捞、航道整治、岸坡硬化等人类活动的影响，长江生物多样性持续下降，水生生物保护形势严峻。实施禁捕，让长江休养生息，势在必行。

2020年7月22日，江苏省发布《关于长江干流江苏段水域禁捕的通告》，要求江苏省长江干流水域自发布之日起禁止天然渔业资源的生产性捕捞。为解决长江垂钓问题，同年8月10日修改后的《江苏省渔业管理条例》正式发布实施，新条例将"长江干流江苏段在禁渔期内禁止垂钓"写入地方性法规，给执法部门带来了执法依据。

本案中，涉案工具为锚鱼竿，这是一种主动收竿使钩刺入捕捞对象身体将其抓获、用钩或刺的方式作业的耙刺类渔具。该渔具对长江江豚等保护动物威胁大，对渔业资源保护造成了不利影响。基于此，2021年10月11日农业农村部最新发布的《关于发布长江流域重点水域禁用渔具名录的通告》，将该渔具列入禁用渔具目录。本案发生在2021年4月份，当事人陈某侥幸避过了刑事处罚。

案例九　龚某在禁渔期内垂钓案

（一）案情简介

2021年3月23日，龚某在长江太仓段（华能电厂出水口）进行垂钓，被太仓市金浪派出所民警现场查获，太仓市金浪派出所于2021年3月24日将龚某在长江禁渔期于长江太仓段（华能电厂出水口）垂钓一案移交给太仓市农业农村局。经审查，当事人龚某涉嫌违反《江苏省渔业管理条例》第十八条第三款"长江干流江苏段在禁渔期内禁止垂钓"的规定，当日，太仓市农业农村局依法对当事人进行立案调查。

（二）调查处理

2021年3月24日，执法人员在太仓市金浪派出所询问室对当事人龚某进行询问，并制作了询问笔录，当事人龚某承认其在长江太仓段（华能电厂出水口）进行垂钓的违法行为。

经调查，2021年3月23日，龚某在长江太仓段（华能电厂出水口）进行垂钓，被太仓市金浪派出所民警现场查获。民警对现场进行了检查，查获路亚钓竿1根（单竿，单线，多钩），渔获物共计4.75千克。

根据《江苏省渔业管理条例》第四十一条第二款"违反本条例规定，在禁止垂钓的区域垂钓的，由县级以上地方人民政府渔业行政主管部门或者其所属的渔政渔港监督管理机构没收渔获物，可以并处二百元罚款；使用多杆、多钩、锚鱼、长线串钩等器具垂钓，或者销售渔获物的，没收渔获物、违法所得、垂钓器具，并处二百元以上二千元以下罚款；使用可视化设备或者利用船、艇、筏、浮具等辅助垂钓的，没收渔获物、违法所得、垂钓器具、可视化设备，并处二千元以上二万元以下罚款"的规定，太仓市农业农村局对龚某做出了没收路亚钓竿1根（多钩）、没收渔获物

4.75 千克并处以 1000 元罚款的行政处罚。

（三）法律分析

1. 违法行为定性

龚某的上述行为违反了《江苏省渔业管理条例》第十八条第三款"长江干流江苏段在禁渔期内禁止垂钓"的规定，应予以行政处罚，符合《农业行政处罚程序规定》第三十条规定的立案标准。

2. 法律适用

根据《江苏省渔业管理条例》第四十一条第二款"违反本条例规定，在禁止垂钓的区域垂钓的，由县级以上地方人民政府渔业行政主管部门或者其所属的渔政渔港监督管理机构没收渔获物，可以并处二百元罚款；使用多杆、多钩、锚鱼、长线串钩等器具垂钓，或者销售渔获物的，没收渔获物、违法所得、垂钓器具，并处二百元以上二千元以下罚款；使用可视化设备或者利用船、艇、筏、浮具等辅助垂钓的，没收渔获物、违法所得、垂钓器具、可视化设备，并处二千元以上二万元以下罚款"的规定，可以给予龚某 200 元以上 2000 元以下罚款。

3. 自由裁量

根据《规范农业行政处罚自由裁量权办法》第十一条"法律、法规、规章设定的罚款数额有一定幅度的，在相应的幅度范围内分为从重处罚、一般处罚、从轻处罚。除法律、法规、规章另有规定外，罚款处罚的数额按照以下标准确定：（一）罚款为一定幅度的数额，并同时规定了最低罚款数额和最高罚款数额的，从轻处罚应低于最高罚款数额与最低罚款数额的中间值，从重处罚应高于中间值"的规定，鉴于龚某认错态度良好，其垂钓行为未造成严重后果和恶劣影响，本着处罚和教育相结合的原则，在适用罚款处罚时，给予当事人龚某罚款人民币 1000 元的行政处罚足以起到惩戒作用。

（四）典型意义

关于长江里能不能钓鱼这个问题，法律、行政法规并没有做出全国性统一规定。2020年7月31日，江苏省第十三届人民代表大会常务委员会第七次会议对《江苏省渔业管理条例》做出第六次修正，条例新增了长江干流水生生物保护内容，江苏成为全国长江流域禁捕退捕期间，第一个将长江禁渔写入地方性法规的省份，并出台了全国第一个禁钓新规，禁止在长江干流江苏段禁渔期内垂钓，以最严格的管控措施养护长江水生生物资源。

本案践行《江苏省渔业管理条例》新规，是长江禁渔期内垂钓的典型案例。本案援引出的《江苏省渔业管理条例》第十八条第三款"长江干流江苏段在禁渔期内禁止垂钓"，体现出江苏最严"禁渔令"，给垂钓者在长江江苏段画出了红线，让垂钓者明白违反禁令必被处罚，很好地指引了广大垂钓者的行为，对"打擦边球"式的钓鱼行为给予有效的警示和约束。

案例十　孙某在国家级水产种质资源保护区垂钓案

（一）案情简介

2021年12月4日，昆山市农业农村局执法人员在巡查至昆山市淀山湖国家级水产种质资源保护区虬南闸南水域岸边时，发现孙某正在使用鱼竿进行垂钓，涉嫌违反《江苏省渔业管理条例》第十八条第一款"国家和省级水产种质资源保护区、水生生物自然保护区常年禁止捕捞和垂钓"的规定。2021年12月4日，昆山市农业农村局对孙某在国家级水产种质资源保护区垂钓的行为进行立案调查。

（二）调查处理

2021年12月4日，执法人员通过现场检查发现孙某使用的鱼竿为轮竿，钩子为锚钩，现场无渔获物。执法人员先行对孙某所用垂钓工具进行了登记保存，拍摄了照片，制作了现场检查笔录和《证据先行登记保存通知书》。当日，对当事人进行了询问调查，制作了询问笔录。经调查查明，当事人孙某于2021年12月4日在昆山市淀山湖国家级水产种质资源保护区虬南闸南水域使用锚鱼垂钓，无渔获物。

根据《江苏省渔业管理条例》第四十一条第二款"违反本条例规定，在禁止垂钓的区域垂钓的，由县级以上地方人民政府渔业行政主管部门或者其所属的渔政渔港监督管理机构没收渔获物，可以并处二百元罚款；使用多杆、多钩、锚鱼、长线串钩等器具垂钓，或者销售渔获物的，没收渔获物、违法所得、垂钓器具，并处二百元以上二千元以下罚款；使用可视化设备或者利用船、艇、筏、浮具等辅助垂钓的，没收渔获物、违法所得、垂钓器具、可视化设备，并处二千元以上二万元以下罚款"的规定，昆山市农业农村局对当事人做出了没收轮竿1根、锚钩1个并处400元罚款的行政处罚。

（三）法律分析

1. 违法行为定性

本案当事人孙某在昆山市淀山湖国家级水产种质资源保护区垂钓的行为，涉嫌违反了《江苏省渔业管理条例》第十八条第一款"国家和省级水产种质资源保护区、水生生物自然保护区常年禁止捕捞和垂钓"的规定，符合《农业行政处罚程序规定》第三十条规定的立案标准，应予以行政处罚。

2. 法律适用

根据《江苏省渔业管理条例》第四十一条第二款"违反本条例规定，在禁止垂钓的区域垂钓的，由县级以上地方人民政府渔业行政主管部门或者其所属的渔政渔港监督管理机构没收渔获物，可以并处二百元罚款；使用多杆、多钩、锚鱼、长线串钩等器具垂钓，或者销售渔获物的，没收渔获物、违法所得、垂钓器具，并处二百元以上二千元以下罚款；使用可视化设备或者利用船、艇、筏、浮具等辅助垂钓的，没收渔获物、违法所得、垂钓器具、可视化设备，并处二千元以上二万元以下罚款"的规定，应当给予孙某200元以上2000元以下罚款的行政处罚。

3. 自由裁量

根据《规范农业行政处罚自由裁量权办法》第十一条"法律、法规、规章设定的罚款数额有一定幅度的，在相应的幅度范围内分为从重处罚、一般处罚、从轻处罚。除法律、法规、规章另有规定外，罚款处罚的数额按照以下标准确定：（一）罚款为一定幅度的数额，并同时规定了最低罚款数额和最高罚款数额的，从轻处罚应低于最高罚款数额与最低罚款数额的中间值，从重处罚应高于中间值"的规定，鉴于本案当事人未捕捞到渔获物，对长江渔业资源未造成实质损害，在适用处罚自由裁量权时，依据过罚相当原则，昆山市农业农村局给予当事人没收垂钓工具、罚款400元的行政处罚。

（四）典型意义

2021 年是长江流域"十年禁捕"开局之年，为持续推进长江流域"十年禁渔"取得扎实成效，昆山市农业农村局聚焦淀山湖国家级水产种质资源保护区禁捕重点水域，积极开展禁捕水域专项雷霆行动，积极打造"竿"净湖区。作为在开展禁捕水域专项雷霆行动时查获的禁捕区垂钓案，本案具有以下典型意义：

1. 体现了严格执法是最有效的普法的理念

严格执法是对立法成果的最大尊重，也是最有效的普法方式。"十年禁渔"只有依法而为，才能营造出"不敢捕""不能捕""不想捕"的禁捕氛围。

2. 彰显了执法机关禁渔工作的决心

《江苏省渔业管理条例》第十八条第一款规定："国家和省级水产种质资源保护区、水生生物自然保护区常年禁止捕捞和垂钓。"本案的查办，有助于警示漠视"十年禁渔"规定的违法分子，用法治力量震慑渔业违法行为。

参考文献

黄国勤．长江文化的内涵、特征、价值与保护［J］．中国井冈山干部学院学报，2021，14（05）．

张静宜，陈洁，张灿强．长江禁渔，应兼顾保护长江渔文化［N］．农民日报，2021-08-04．

蒋来清．苏州农业志［M］．苏州：苏州大学出版社，2012．

陈大庆．长江渔业资源现状与增殖保护对策［J］．中国水产，2003（03）．

周梦爽．长江已到"无鱼"等级，全面禁渔迫在眉睫［N］．光明日报，2019-10-15．

长江『十年禁渔』实用手册

后　记

为贯彻落实党的二十大精神，实施好长江"十年禁渔"这一重大决策，我们编写了《长江"十年禁渔"实用手册》。

本书由苏州市农业综合行政执法支队历时两年编写完成。它较为系统地介绍了长江"十年禁渔"的背景、意义、部署、举措和实践，全面总结了苏州市农业综合行政执法支队不断建立健全长效管理机制，立足全局设计，创新管理思路、转变管理方式、细化管理举措，在推进全市禁捕退捕工作的基础上，打造阳澄湖禁捕执法工作样板，探索长江"十年禁渔"的苏州模式，形成可借鉴、可复制、可推广的苏州经验。

苏州市农业综合行政执法支队对本书的编写十分重视，组成了专门的编委会确定本书的总体思路、篇章架构、主要内容、章节提纲。参加本书文稿写作的张有法、丁小峰、朱文健、叶巧蝶等同志，他们克服了编写工作与日常工作的矛盾，很多同志放弃正常的节假日休息，数易其稿，确保了编写任务的按期完成。高海岗同志参与了稿件的构思布局并提供部分章节资料，顾菲菲同志参与了全稿的校对，秦伟同志进行了统稿、终审。支队各科室（大队）及苏州市各市（区）农业综合行政执法部门为本书提供了丰富的典型材料和图片资料，在此一并表示衷心的感谢。

在本书写作的过程中，写作人员参考和引用了相关文献资料，吸取了专家学者的部分思想观点，未能在书中逐一注明，敬请谅解，并向他们表示诚挚的敬意。

长江生态恢复是一个长期、复杂的过程，长江"十年禁渔"具有长期性、复杂性、艰巨性，我们必须保持工作定力，坚持问题导向，强化源头治理，把长期工作阶段化、具体化，坚持不懈、久久为功。由于许多方面尚在健全完善中，虽然我们在编写过程中尽力做了协调统稿工作，疏漏之处恐仍难免，欢迎广大读者批评指正。

苏州大学出版社为本书的出版提供了大力支持，编辑、校对等同志辛勤工作，在最短的时间里完成了书稿的审校和出版工作，在此表示衷心的感谢。

本书编委会

2022 年 12 月

长江『十年禁渔』实用手册